バーチャルリアリティ学ライブラリ 1

# ヘッドマウントディスプレイ

日本バーチャルリアリティ学会 編

清川 清 編著

コロナ社

## バーチャルリアリティ学ライブラリ出版委員会

| | | | |
|---|---|---|---|
| 委員長 | 清川　清 | （奈良先端科学技術大学院大学，博士（工学）） |
| 副委員長 | 北崎　充晃 | （豊橋技術科学大学，博士（学術）） |
| 委員 | 青山　一真 | （群馬大学，博士（情報科学）） |
| | 山岡　潤一 | （慶應義塾大学，博士（政策・メディア）） |
| | 嵯峨　智 | （熊本大学，博士（情報理工学）） |
| | 吉元　俊輔 | （大阪大学，博士（工学）） |

（2024年8月現在）

## 編著者・著者一覧

| | | |
|---|---|---|
| 編著者 | 清川　清 | 1章，2章，5章，あとがき |
| 著者 | あるしおうね | 3章 |
| | 伊藤　勇太 | 4章 |
| | 鳴海　拓志 | 6章 |

# 刊行のことば

　今日，バーチャルリアリティ（VR, virtual reality）は誰もが知り，多くの人々が使う技術となった．特に，ヘッドマウントディスプレイ（HMD, head mounted display）を用いたゲームやスマートフォン向けの360°動画などは広く普及しつつある．安価なHMDが普及し始めた2016年はいわゆる「VR元年」などと呼ばれ，2020年からのコロナ禍ではリモートで現実さながらの活動を支援するVR技術にさらに注目が集まった．現在では，医療，建築，製造，教育，観光，コミュニケーション，エンタテインメント，アートなど，さまざまな分野でVRの活用が進んでいる．VRは私たちの社会生活に少しずつ，かつ確実に浸透しつつあり，今後はメタバースのような社会基盤の基幹技術としてさらに重要度を高めていくと考えられている．

　The American Heritage Dictionaryによれば，バーチャル（virtual）とは「みかけや形は現物そのものではないが，本質的あるいは効果としては現実であり現物であること」とされており，これがそのままVRの定義を与える．端的に言えば，VRとは「現実のエッセンス」である．すなわち，VRは人間のありとあらゆる感覚や体験，その記録，再生，伝達，変調などに関わるものである．一般にイメージされやすい「HMDを用いたリアルな視覚体験」は，きわめて広範なVRのごく一部を表現しているにすぎない．

　日本バーチャルリアリティ学会は，黎明期のVRを育んだ研究者が中心となって「VR元年」のはるか20年前の1996年に発足した．以来，学問としてのVRは計算機科学，システム科学，生体工学，医学，認知心理学，芸術などの総合科学としてユニークな体系を築いてきた．学会発足から14年後の2010年に刊行された『バーチャルリアリティ学』は，当時の気鋭の研究者が総力を挙げて執筆したものである．同書では，VRの基礎から応用までを幅広く取り

## 刊行のことば

扱っている。「トピックや研究事例は最新のものではないが，本質的あるいは効果としてはVRを学ぶこと」ができ，時代によって色褪せることのない「VRのエッセンス」が詰まっている。しかしながら，近年のVRの進展はあまりにも目覚ましく，『バーチャルリアリティ学』を補完し，最新のトピックや研究事例をより深く取り扱う書籍への要望が高まっていた。

「バーチャルリアリティ学ライブラリ」はそのような要望に応えることを目的として企画された。『バーチャルリアリティ学』のようにさまざまなトピックをコンパクトに一括して取り扱うのではなく，分冊ごとに特定のトピックについてより深く取り扱うスタイルとした。これにより，急速に発展し続けるVRの広範で詳細な内容をタイムリーかつ継続的に提供するという難題を，ある程度同時に解決することを意図している。今後，バーチャルリアリティ学ライブラリ出版委員会が選定したさまざまなテーマについて，そのテーマを代表する研究者に執筆いただいた分冊を順次刊行していく予定である。

くしくも『バーチャルリアリティ学』の刊行からちょうど再び14年が経過した2024年に，委員や著者，また学会の協力を得て「バーチャルリアリティ学ライブラリ」の刊行を開始できる運びとなった。今後さらにVR分野が発展していく様をリアルタイムで理解する一助となり，VRに携わるすべての人々の羅針盤となることを願う。

2024年1月

清川　清

# まえがき

　ヘッドマウントディスプレイ（HMD, head mounted display）は，バーチャルリアリティ（VR, virtual reality）や拡張現実感（AR, augmented reality）を実現するための代表的なデバイスである．HMDによって，コンピュータグラフィクスや実写の映像をあたかも空間の一部であるかのようにユーザーの視界に提示することができる．視覚は人間の情報入力の8割を占めるといわれており，HMDはVRやARのユーザー体験を大きく左右する重要なデバイスといえる．HMDにはスマートフォンをはじめとする他の視覚ディスプレイにはない特徴がある．まず，HMDはユーザーの頭部に固定され視界に直接働き掛けるデバイスであり，本質的にVRやARとの相性が良い．また，HMDは個人向けであり，他人の視界に影響を与えたり覗き込まれたりする心配がない．さらに，装着型でハンズフリーのため，利用場所の制約が少なく，広範囲に利用できる．

　HMDは1960年代の登場後，大きな注目を集めるサイクルを何度か繰り返してきた．90年代前半のブームを経て，現在再びHMDに大きな注目が集まっている．2010年頃までは，民生用HMDの多くは，あくまでも映画などの既存の映像コンテンツを手軽に楽しむ「パーソナルテレビ」的な用途を想定していた．2010年代半ばから，VR用のHMDがOculus VR社（当時）やHTC社などから，また，AR用のHMDがMicrosoft社やMagic Leap社などから次々に登場し，現在に至るまで活況を呈している．

　一定のクオリティのVRやARが身近になってきた一方で，近年はHMDの新製品や新サービスがさらに続々と登場し，学術界においてもHMDの研究開発が右肩上がりに増えている．多種多様なHMDは，それぞれ何が異なるのだろうか．特定の用途に最適なHMDは，どのような基準で選択すればよいのだ

ろうか。HMDの性能や機能はどのように進化し，どこに向かおうとしているのだろうか。HMDが進化することで，われわれの生活や社会はどのように変化するのだろうか。本書は，こうした疑問に答えるべく，HMDの概要や歴史，典型的な光学系から最新の研究開発事例，さらには生活や社会の未来像まで，HMDに関する話題を網羅的に取り上げた初めての書籍である。

　本書では，まず1章でHMDの定義や概要について述べ，大まかな分類や用途について説明する。また，これまでのHMDの発展の歴史を振り返る。2章では，人間の視覚機能について述べる。HMDの性能や機能は，人間の視覚機能と照らし合わせて理解する必要がある。具体的には，眼の構造や視機能，奥行き知覚などについて説明する。3章では，典型的なHMDの光学系について述べる。古典的な光学系から近年注目されている新しい光学系まで，多様な光学系の特徴をそれぞれの実例を交えて紹介する。4章では，より先進的な特徴や機能を備えたHMDの研究開発の最新事例を紹介する。「最新」事例はいずれ陳腐化するが，これらを紹介することで普遍的なHMD進化のベクトルが浮き彫りになることを狙っている。5章では，HMDを用いて人間の視覚機能を自由自在に編集するさまざまな試みについて述べる。特に，視知覚の困りごとを解決する視覚補正・矯正の試みと，人間拡張の観点からより柔軟に視覚機能を再設計する視覚拡張の試みを紹介する。6章では，視覚以外のさまざまな感覚を提示するマルチモーダル（多感覚）HMDについて取り上げる。あとがきでは，本書全体を振り返り，HMDの進化によって切り拓かれる生活や社会の未来像に思いを馳せる。

　本書を通じてエキサイティングなHMDの世界を感じ取っていただけたなら，執筆陣としてこれほどの喜びはない。

2024年8月

清川　清

# 目　　　次

## 第1章　ヘッドマウントディスプレイの概要

1.1　ヘッドマウントディスプレイの歴史 ･････････････････････････ 1
　1.1.1　ヘッドマウントディスプレイの先史時代　　2
　1.1.2　ヘッドマウントディスプレイの誕生　　4
　1.1.3　ヘッドマウントディスプレイの黎明期　　7
　1.1.4　ヘッドマウントディスプレイの普及期　　10
1.2　さまざまなヘッドマウントディスプレイ ････････････････････ 12
　1.2.1　VR用ディスプレイとしてのHMD　　12
　1.2.2　AR用ディスプレイとしてのHMD　　15
　1.2.3　透過性と映像チャネル数による分類　　17
　1.2.4　多様なヘッドマウントディスプレイの必要性　　21

## 第2章　人間の視覚

2.1　眼　の　構　造 ･････････････････････････････････････････ 23
　2.1.1　眼球と外眼筋　　24
　2.1.2　角　　　　膜　　25
　2.1.3　虹彩と瞳孔　　26
　2.1.4　水　晶　体　　26
　2.1.5　網　　　　膜　　27
　2.1.6　視　細　胞　　29

2.2 視機能 ………………………………………………………… 30
　2.2.1 視力　30
　2.2.2 視野　31
　2.2.3 色覚　33
　2.2.4 光覚　34
　2.2.5 調節　35
　2.2.6 眼球運動　36
2.3 奥行き知覚 ……………………………………………………… 38
　2.3.1 単眼性の手がかり　38
　2.3.2 両眼性の手がかり　39
　2.3.3 奥行き感度　40

# 第3章 ヘッドマウントディスプレイの光学系

3.1 屈折型 ……………………………………………………………… 42
　3.1.1 視距離と視野角　43
　3.1.2 アイボックス　45
　3.1.3 接眼レンズ　47
3.2 反射屈折型 ……………………………………………………… 50
　3.2.1 平面ハーフミラー型　50
　3.2.2 Bird Bath 型　51
　3.2.3 曲面ミラー型　52
3.3 自由曲面プリズム型 ………………………………………… 53
3.4 ウェーブガイド型 …………………………………………… 55
　3.4.1 曲面ハーフミラーによるコンバイナ　55
　3.4.2 HOE/DOE によるコンバイナ　56
　3.4.3 EPE 光学系　58

3.4.4　LOE 光学系　60
　　3.4.5　ピンミラーアレイ型　62
**3.5　網膜投影型** …………………………………………… 63
**3.6　ライトフィールド型** ………………………………… 65
　　3.6.1　インテグラルフォトグラフィ　65
　　3.6.2　2 枚スクリーンによるライトフィールド光学系　67
**3.7　ホログラフィック型** ………………………………… 68
**3.8　ピンライト型** ………………………………………… 70
**3.9　頭部搭載型プロジェクタ** …………………………… 71

# 第 4 章　ヘッドマウントディスプレイの最新研究事例

**4.1　位置合わせ** …………………………………………… 75
**4.2　光学的歪み** …………………………………………… 80
**4.3　時間的整合性** ………………………………………… 82
**4.4　色再現性** ……………………………………………… 87
　　4.4.1　ディスプレイ色再現　88
　　4.4.2　色混合　89
**4.5　ダイナミックレンジ** ………………………………… 93
**4.6　焦点奥行再現** ………………………………………… 95
　　4.6.1　調整可能焦点型 HMD　96
　　4.6.2　多焦点型 HMD および可変焦点型 HMD　97
　　4.6.3　ライトフィールド型 HMD とホログラフィック型 HMD　101
　　4.6.4　フォーカスフリー型 HMD　104
**4.7　画　　角** ……………………………………………… 105
**4.8　解　像　度** …………………………………………… 109
**4.9　光学遮蔽** ……………………………………………… 113

# 第 5 章 ヘッドマウントディスプレイによる視覚の解放

## 5.1 視覚を解放するための要素技術 …………………………… 123
## 5.2 視知覚の補正・矯正 ……………………………………… 125
 5.2.1 視知覚の補正・矯正のプロセス 125
 5.2.2 視力の矯正 127
 5.2.3 色覚異常の補正 128
 5.2.4 斜視・斜位の矯正 129
 5.2.5 変視症の矯正 131
 5.2.6 視覚過敏の矯正 133
 5.2.7 視機能検査 135
## 5.3 視覚拡張 ……………………………………………………… 137
 5.3.1 視力の拡張 138
 5.3.2 視野角の拡張 140
 5.3.3 可視波長の拡張 144
 5.3.4 動体視力・時間感覚の拡張 145
 5.3.5 視点の拡張 147
 5.3.6 視覚シミュレーション 149
 5.3.7 視覚的ノイズの軽減 151
 5.3.8 視界の多様な変調・置換 152

# 第 6 章 ヘッドマウントディスプレイと多感覚情報提示

## 6.1 ヘッドマウントマルチモーダルディスプレイ …………… 156
 6.1.1 深部感覚 158
 6.1.2 表在感覚 162

  6.1.3　前　庭　覚　　167
  6.1.4　嗅　　　覚　　169
**6.2　ヘッドマウントディスプレイによる感覚間相互作用の活用** ⋯ 174
  6.2.1　感覚間相互作用　　174
  6.2.2　Pseudo-haptics　　177
  6.2.3　リダイレクテッドウォーキング　　182
  6.2.4　感覚間相互作用による嗅覚提示　　186
  6.2.5　感覚間相互作用による食体験の提示　　188

**引用・参考文献** ……………………………………………… 196
**あ と が き** ……………………………………………… 218
**索　　　引** ……………………………………………… 222

---

**カラー画像**

以下よりカラー図面がダウンロード可能です。

https://www.coronasha.co.jp/static/02691/color.pdf

Virtual Reality Library

# 第1章 ヘッドマウントディスプレイの概要

本書の最初に，**ヘッドマウントディスプレイ**（**HMD**, head mounted display）の概要について述べる。1.1 節では，HMD のこれまでの歴史を振り返り，HMD が 50 年以上にわたって徐々に進化してきた過程を概観する。1.2 節では，**バーチャルリアリティ**（**VR**, virtual reality）用および**拡張現実感**（**AR**, augmented reality）用の HMD の特徴を，さまざまなディスプレイとの比較から明らかにする。また，いくつかの典型的な応用例を示し，用途によって HMD に求められる性能が異なることを説明する。

## 1.1 ヘッドマウントディスプレイの歴史

HMD とは，具体的には目の前の小さな映像をレンズなどの光学的なしくみによって遠方の大きな映像として見せることができるデバイスである。一部の，特に初期の HMD は非常に大きくて重く，「頭部に載せる（ヘッドマウント）」ディスプレイという表現がふさわしかったが，近年の HMD は軽くなり，着け心地も良くなってきた。それにつれて，特に学術的には HMD のことを「頭部に着ける」ディスプレイ（**HWD**, head worn display）と呼ぶことも増えており，単に眼に近接して用いるディスプレイ（**NED**, near eye display）と呼ぶことも多い。しかし，本書では一般により普及していると考えられる，HMD という呼称を用いることにする。

本書の最初にまず，HMD が発展してきた歴史を簡単に振り返る。1980 年代に VR 用のディスプレイ装置として華々しく登場した HMD は，1990 年代に

民生用製品としてブームを興す。その後，停滞期を経て，2010年代中頃から急激な盛り上がりを見せ，現在HMDは，VRやAR用途はもちろん，新しいコンピューティングプラットフォームとしての地位を確立しつつある。

### 1.1.1 ヘッドマウントディスプレイの先史時代

頭部に何かを装着して見え方を変化させようという考え方は，古くから存在する。古代ローマ皇帝ネロ（在位54〜68年）は，円形闘技場の催しを観戦する際に，エメラルドのレンズを眼鏡にして減光フィルタとして使用したとされる。「光学の父」とも呼ばれる科学者イブン・アル＝ハイサム（Ibn al-Haitham）は，11世紀に「適度に加工された光学レンズは視力を補助する可能性がある」と述べ，後世の眼鏡の開発に多大な影響を与えた。その後，視力矯正用の眼鏡は，13世紀後半にイタリアで生まれ，日本には16世紀にフランシスコ・ザビエル（Francisco de Xavier）が初めて持ち込んだといわれている（**図1.1**参照）。

**図1.1** 初期の木製リベット眼鏡（複製）
ⓒ Ocular Heritage Society

18世紀になると，眼鏡屋が浮世絵に登場するなど（**図1.2**参照），眼鏡はすでに一般に普及していた。興味深いことに，落語家・桜川慈悲成と浮世絵師・歌川豊国による黄表紙本（大衆向け読み物）「福徳寿五色眼鏡」（1797年）には，「掛けた人の見たいものを何でも映し出す眼鏡」が登場する（**図1.3**参照）。まさにバーチャルリアリティを先取りするような内容である。

## 1.1 ヘッドマウントディスプレイの歴史

図 1.2　眼鏡屋が描かれた浮世絵

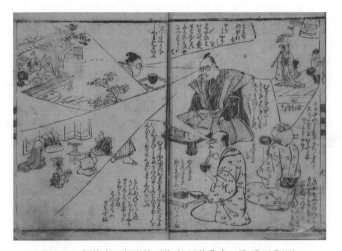

図 1.3　福徳寿五色眼鏡（作 桜川慈悲成，絵 歌川豊国）

多くの HMD では，わずかに視差がついた異なる映像を左右の眼の前に配置することで，立体的な映像を提示できる．2 枚の異なる映像で立体視が可能であることを発見したのは，物理学者**ホイートストン**（Wheatstone）で，彼は 1838 年に鏡を用いて**両眼立体視**を行える**ステレオスコープ**（Stereoscope）を発明している[1]†（**図 1.4** 参照）．

ゴーグル型デバイスを装着して，人工的な感覚刺激を提示することで現実感

---

† 肩付数字は巻末の章ごとの引用・参考文献番号を表す．

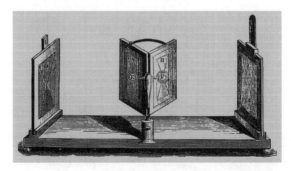

図 1.4　ホイートストンのステレオスコープ

を感じさせるという，現代に通じる VR のコンセプトを初めて明確に示したのは，1935 年のワインバウム（Weinbaum）による短編 SF 小説「Pygmalion's Spectacles（ピグマリオン眼鏡）」だったといわれている。「But what is reality?」で始まるこの小説には，高度な科学技術によって物語の映像や音，匂い，味，手触りなども再現できる「魔法の眼鏡」が登場している。

### 1.1.2　ヘッドマウントディスプレイの誕生

SF 小説の世界ではなく，実際に頭部に電子ディスプレイを装着するというアイデアは，1945 年の**マッカラム**（McCollum）による特許「Stereoscopic Television Apparatus（立体テレビ装置）」が最初とされる[2]（**図 1.5** 参照）。これは，眼鏡フレームに取り付けられたブラウン管を用いて立体的にテレビを見るための装置であり，複数の人が同じ放送を同時に立体的に見ることが目的であった。

映像技師であった**ハイリグ**（Heilig）は，1960 年に「Telesphere Mask」の特許を取得する[3]（**図 1.6** 参照）。これは，ディスプレイの位置調節機能，音響効果を得るためのイヤホン，匂いや温度が異なる空気を顔に吹き付けるエアノズルなどを備えており，没入感を高める工夫がされた HMD であった。なお，ハイリグは 1962 年に立体映像，立体音響，匂い，風，振動など多感覚の提示が可能なシミュレータ「**センソラマ**（Sensorama）」[4] を発表したことでも知られており，VR の技術史に多大な足跡を残している。

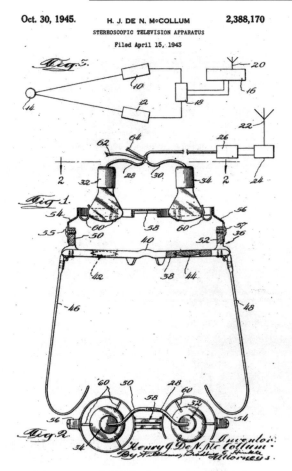

図 1.5　マッカラムの Stereoscopic Television Apparatus[2]

　小説や特許のレベルに留まらず，実際に頭部に装着できる電子ディスプレイを開発した事例は，1961 年の Philco 社による「Headsight TV Surveillance System」[5] が最初とされている（**図 1.7** 参照）。おもに遠隔監視の用途を想定しており，頭の向きに連動して回転する遠隔カメラの映像をスクリーンに映し出すことができた。同様の事例として，1960 年代にベル・ヘリコプター社は，夜間飛行のパイロット支援のために，機体の下部に取り付けられた赤外線カメラ

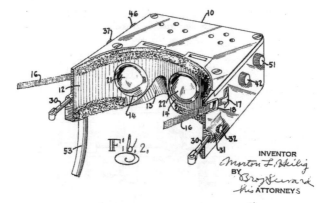

**図 1.6** ハイリグの Telesphere Mask[3]

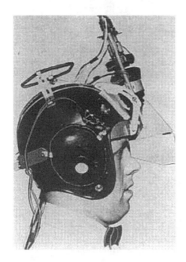

**図 1.7** Philco 社の Headsight TV Surveillance System[5]

と連動した HMD を用いていた．

　**サザランド**（Sutherland）は，1965 年の論文「The Ultimate Display（究極のディスプレイ）」で，コンピュータで物質を自在に制御できる空間型ディスプレイの可能性を論考し[6]，1968 年にはスプロール（Sproull）とともに完全なコンピュータグラフィクス（CG, computer graphics）を用いた初の HMD である **The Sword of Damocles**（**ダモクレスの剣**）を実現した[7]（**図 1.8** 参照）。ダモクレスの剣は，ブラウン管を用いた視野角約 40° の光学シースルーディス

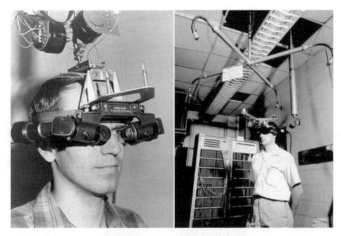

図 1.8　ダモクレスの剣[7]

プレイや，ユーザーの頭の動きを検出する機械式あるいは超音波式のヘッドトラッキングシステムなどを備え，ワイヤフレームで表現された3次元CGを空中に提示することが可能であった．今日，サザランドが開発したコンピュータシステムは，現代のVRやARの直接の始祖として広く認知されている．

### 1.1.3　ヘッドマウントディスプレイの黎明期

1979年にハウレット（Howlett）が開発した**LEEP**（large expanse, extra perspective）光学系（**図 1.9** 参照）は，初期のVR用HMDの多くに採用された．3次元スチル写真用の広角レンズとして開発されたLEEP光学系は，組合せレンズを用いて90°以上の視野角を実現し，対応する広角カメラの歪みを打ち消すように設計されていた．

一方，CGをリアルタイムに歪み補正することは当時の技術では難しく，初期のVRシステムの映像には大きな歪みが伴っていた．1981年頃からNASAエイムズ研究所（NASA Ames Research Center）でHMDの開発が行われており，1985年にフィッシャー（Fisher）は研究所初のVRシステム「VIEW（Virtual Interface Environment Workstations）」用のHMDとして，LEEP

8    1. ヘッドマウントディスプレイの概要

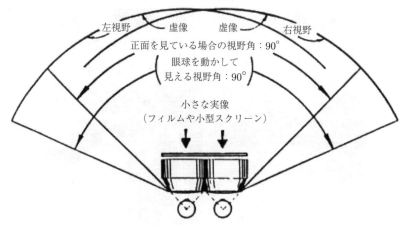

図 1.9　LEEP 光学系の視野角

を参考にした光学系を開発した。VIEW は 3 次元サウンドや**データグローブ**による手形状認識など，現代の VR システムに通じる先進的な機能を備えていた[8]。

同じく 1985 年に，**ラニア**（Lanier）とジマーマン（Zimmerman）は VPL Research 社を立ち上げ，NASA エイムズ研究所との共同プロジェクトとして，データグローブや HMD を備えた初の商用 VR システム **RB2**（Reality Built for Two）の販売を開始した[9]。この HMD は earphone（イヤホン）になぞらえて**アイフォン**（**EyePhone**）と名づけられた（**図 1.10** 参照）。EyePhone は 2.7 インチのスクリーンを備え，フォームファクタ（形状やサイズなどの物理的な仕様）は現在の HMD に似ているが，片眼当り 184×138 画素と解像度が粗く，約 2.4 kg と非常に重かった。なお，Virtual Reality の語源にはいくつかの説があるが，ラニアが 1989 年頃に世界的に広めたことには異論がない。

図 1.10　RB2 に用いられていた EyePhone[9]

1980年代の先駆的プロジェクトとしては，ほかにもファーネス（Furness）らが率いたアメリカ空軍のスーパーコックピットプロジェクト（HMDを用いた航空シミュレーションシステムが開発された）や，舘らが率いた**テレイグジスタンス**（telexistence，**図1.11**参照）のプロジェクト（HMDを用いたマスター-スレーブ式[†]ロボットが開発された[10]）がよく知られている。

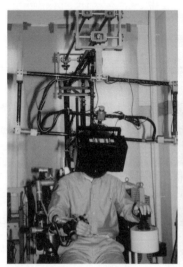 

**図1.11** テレイグジスタンス立体視システム（1982）[10]。（左）マスターシステム，（右）スレーブシステム。

商用システムの登場を機に，1990年代に入るとVRの一大ブームが巻き起こる。有力な大学や研究機関がこぞってVRシステムを導入し，VRの研究開発が大きく発展した。カイザー（Kaiser Electro-Optics）やnVisionなどの専門メーカーからハイエンドVRシステム向けのHMDが，またソニー，オリンパス，キヤノンなどの電機大手から一般向けのHMDが，次々に発売された。特に，1996年に発売されたソニーの**グラストロン**シリーズは，軽量小型の手軽なHMDの代名詞として知られた。また，1995年に任天堂から発売されたゴーグル型のゲーム機**バーチャルボーイ**は，赤色LEDで3次元表示が可能であった。

---

[†] 制御する側（マスター）と制御される側（スレーブ）が連携して動作する方式。

1994 年に初代 PlayStation が発売されるなど，1990 年代はリアルタイムの 3 次元 CG がようやく一般に普及し始めたが，ユーザーの頭の位置や向きをセンシングする**ヘッドトラッキング**に対応する完全な VR システムを安価に提供するほどには，当時の技術は成熟していなかった．結果として，一般向けの HMD は，映画などを観賞するためのパーソナルモニタとしての用途以外には広まらず，2000 年頃にはその多くが市場から姿を消した．

### 1.1.4　ヘッドマウントディスプレイの普及期

2010 年頃までの HMD の停滞感を払拭するきっかけは，スマートフォンの普及とクラウドファンディングの登場であった．スマートフォンは通信機能やディスプレイハードウェア，姿勢センサを備え，3 次元 CG のレンダリング能力も高い．これに安価なレンズを追加して，ソフトウェアで歪み補正などを行うことで，ただちに VR 用の HMD を構成できる．

VR の黎明期から HMD 開発を手掛けてきた南カリフォルニア大学のボラス（Bolas）らは，このアイデアに基づいて 2012 年にスマートフォン用の段ボール製 HMD キット「FOV2GO」を発表した[11]（**図 1.12** 参照）．このプロジェクトに参画していたラッキー（Luckey）は，同年クラウドファンディングで資金を調達して Oculus VR 社を立ち上げ，2013 年に**オキュラスリフト**（**Oculus**

図 1.12　FOV2GO[11]

**Rift**）Development Kit を発売する．300 ドルで誰もが手軽に VR を体験できる新時代の HMD は，コアゲーマー層を中心に熱烈な歓迎を受け，今日に繋がる VR ブームを形作った．

徹底的にハードウェアコストを下げ，安価なプラスチックレンズの収差や酔いに繋がるレンダリングの遅れをソフトウェアで補正する戦略は，現在の VR 用 HMD の多くが採用している．なお，同じ 2013 年には Google から眼鏡型情報端末，**Google Glass** が発売されている（図 1.13 参照）．

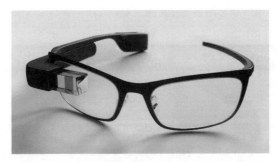

図 1.13  Google Glass

2016 年には，Oculus Rift のコンシューマー版や HTC VIVE といった PC 向けの HMD が登場し，ソニー・インタラクティブエンタテインメント（SIE）からは PlayStation 4 用の HMD として **PlayStation VR** が，さらに Microsoft からは AR 用 HMD の**ホロレンズ**（**HoloLens**）が発売される（図 1.14 参照）．

図 1.14  Microsoft ホロレンズ

この年は俗に「VR 元年」と呼ばれ，VR ビジネスへの期待が高まり，一般への VR の認知が急速に進んだ．

現在では，HMD の新製品や新サービスを毎日のように目にするようになっている．HMD はかつて大手電機メーカーが主要なプレイヤーであったが，数多くのスタートアップ企業が参入したのに加えて，Google や Microsoft，Oculus VR を買収した Facebook（現在の Meta）など，巨大 IT 企業も直接手掛けるようになった．もはや HMD は特殊なデバイスではなく，業務やコミュニケーションなど，さまざまな用途で日常的に用いるキーデバイスになりつつある．

## 1.2 さまざまなヘッドマウントディスプレイ

HMD にはさまざまな種類があるが，それらの HMD も VR や AR に用いられる多種多様な視覚ディスプレイの 1 種類に過ぎない．ここでは，まず他の視覚ディスプレイとの比較から HMD の特徴を整理し，つぎに HMD の分類を見ていく．また，いくつかの応用例を議論し，多様な HMD の必要性を確認する．

### 1.2.1　VR 用ディスプレイとしての HMD

VR に用いられる視覚ディスプレイは，**IPT**（immersive projection technology，没入型投影技術）ディスプレイと HMD が代表的である．IPT はユーザーを取り囲むようにスクリーンを配置して，これに広視野の映像を投影することで没入感を得る技術であり，これを用いたディスプレイを IPT ディスプレイ，没入型投影ディスプレイなどと呼ぶ．図 **1.15** に IPT ディスプレイの例を示す．まず，VR ディスプレイとしての HMD の特徴を，IPT ディスプレイと対比することで見ていく．

IPT ディスプレイの代名詞ともいえる **CAVE**（cave automatic virtual environment）はイリノイ大学で開発され，1992 年に広く公開された[12]．CAVE は，一片 2〜3 m ほどの立方体形状のブースのうち 4 面が立体スクリーンになっており（図 (a)），正面と左右面に背面投影を，床面に天井からの前面投影を行う

## 1.2 さまざまなヘッドマウントディスプレイ

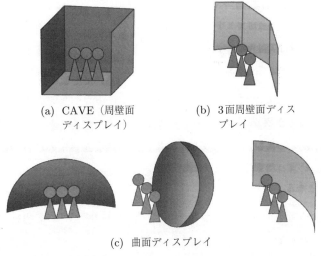

(a) CAVE（周壁面ディスプレイ）　(b) 3面周壁面ディスプレイ

(c) 曲面ディスプレイ

**図 1.15** IPTディスプレイの例

ことで，ブース全体に没入感の高い空間を映し出すことができる．天井面と床面をともに背面投影にした5面タイプや，ブースにユーザーが入ったあとで背面が閉まる6面タイプも存在する．床面や天井面の設置には高さのあるスペースが必要なため，水平方向にのみスクリーンを設置する場合も多い（図(b)）．また，平面ではなく円筒形や半球形の曲面IPTディスプレイも数多く存在する（図(c)）．

こうしたIPTディスプレイの利点としては，周辺視野に至るまで歪みが少ない比較的高品質の映像を提供できることが挙げられる．HMDの場合，人間の視野をすべて覆うような光学系の実現はいまだに困難で，**接眼光学系**に起因する歪みや**色収差**[†]なども完全には取り除けない．IPTディスプレイの場合は，スクリーンでユーザーを取り囲むために，こうした問題が発生しない．また，HMDの場合は，レンダリングの遅延によっていわゆるVR酔いが問題となるが，IPTディスプレイではレンダリングの遅延による影響ははるかに小さい．これは，各スクリーンに投影される映像が，ユーザーの首振りによって大きく

---

[†] プリズムのように異なる波長の光が異なる位置で集光するために生じる色にじみ．

変化しないためである.

　IPTディスプレイの別の利点は，映像内（ブース内）に実物体を持ち込めることである．わかりやすい実物体として，ユーザー自身が挙げられる．HMDでVRを実現する際，手を伸ばしたり足元を見下ろしてもユーザーの目からはそれが見えないことがしばしば問題となる．ボディトラッキングをしてユーザー自身を表すキャラクタ（アバター）をレンダリングすることも可能だが，品質には限界がある．IPTディスプレイの場合，当然ながら手のひらの皺や着ている服も含めてユーザー自身の生の姿を遅延なく見ることができる．ある程度の映像歪みを許容すれば，数名の観察者が同時にブース内でVRを体験することもできる．自動車の運転席のように，VR体験の一部として実物をブース内に設置することもできる．

　一方，IPTディスプレイの欠点としては，広い設置面積に加えて，通常は複数台のプロジェクタとコンピュータ，ネットワーク機器などを要する大掛かりなシステムとなることが挙げられる．また，大掛かりなシステムであるのに，HMDと同様に通常は一人用であり，コストパフォーマンスが悪い．HMDは持ち運びができ利用場所が限定されないが，IPTディスプレイはその場所に行かなければ利用できず，ユーザーが動き回ることのできる範囲もブース内に限定される．別の欠点として，ユーザーより手前に映像を提示できないことも挙げられる．例えば，手のひらにCGのコップを載せるといった表現ができず，インタラクティブなVRコンテンツにとっては大きな制約になる．

　以上のように，IPTディスプレイに対比すると，VR用視覚ディスプレイとしてのHMDははるかに安価で省スペースであり，コストパフォーマンスが高い．視界から実環境を完全に排除してCG映像に没入できることは，大きな利点でもある．視野角の狭さや歪み，遅延の影響は無視できないが，近年急速に改良が進んでいる．多人数が同時に体験するような用途を除けば，VR用視覚ディスプレイはローエンドからハイエンドまで，HMDが第一の選択肢になったといってよい．

### 1.2.2 AR 用ディスプレイとしての HMD

つぎに，AR に用いられる視覚ディスプレイにおける HMD の位置付けを見ていく．おもな AR の視覚ディスプレイは，眼と物体の間のどこで映像を重畳するかによって分類でき，眼から近い順に，HMD，ハンドヘルドディスプレイ，据置型ディスプレイ，投影型システムに大別できる（**図 1.16** 参照）．

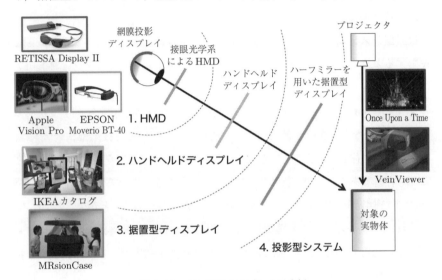

図 1.16　AR 用ディスプレイの分類

**ハンドヘルドディスプレイ**（handheld display）は，タブレット端末やスマートフォンなど，手で把持して用いるディスプレイであり，デバイスが世界中に普及していることが最大の利点である．すでにユーザーが保有していることを前提でき，良質の AR コンテンツが何万種類と流通している．IKEA の AR カタログなどが典型的な例である．ディスプレイデバイスとしては，せいぜい 10 インチ程度のスクリーンを手に持って見るため視野角が狭いこと，多くの場合ステレオ表示に対応していないこと，ハンズフリーにならないことなどが欠点といえる．CG の重畳表示がなされるのはあくまでスクリーン上であり，対象の実環境を直接見ても何も重畳されていないように見えることも欠点といえる．

**据置型ディスプレイ**（stationary display）は，ガラスケースの中に空中像を表示するようなディスプレイであり，博物館の展示品に空中像を重畳する目的などでしばしば用いられる．東京大学が開発したMRsionCase[13]などが典型的な例である．正確な位置合わせを実現しやすい反面，システムが大掛かりであり，ケース内にしか映像を提示できず，映像に手を伸ばせない場合が多いことが欠点といえる．

**投影型システム**（projection system）は，プロジェクタで物体表面に映像を投影するようなARシステムであり，プロジェクションマッピングと称して舞台や屋外のイベントなどでよく用いられる．東京ディズニーランドのイベントのOnce Upon a Timeなどが典型的な例である．正確な静脈穿刺を支援するVeinViewerなど，医療や産業用途での利用も進んでいる．投影型システムは，投影対象の物体表面と調和した映像を作り出すことができ，多人数で同時に見ることも容易である．一方，物体色や環境光の影響を強く受けるため，日中の屋外などでは利用が困難であること，空中像の提示が困難であることが欠点といえる．

これらのディスプレイと異なり，AR用のHMDは，環境によらずいつでもどこでも利用できる．どこを向いてもつねに映像を利用できるため，現実を拡張するARとは本質的に相性が良い．また，パーソナルデバイスであり，他人の視界に影響を与えたり，他人から映像を盗み見される心配が少ない．装着型デバイスであるため，視線追跡など，ユーザーの状態を認識するセンサを統合することも容易である．これらの利点の一方で，着脱が煩わしく重さや熱さのために長時間の利用が難しい，また，ARに重要な位置合わせが他の方式に比べて難しい，といった欠点がある．装着していると奇異な目で見られるなどの社会的受容性の問題もある．

HMDは，次項で述べるように，おもにEPSON Moverio BT-40のような光学シースルー型とApple Vision Proのようなビデオシースルー型に分けられる．多くのHMDは空中に虚像を形成するタイプであるが，虚像を形成せず網膜に直接映像を形成する網膜投影ディスプレイ（virtual retinal display）も存在する．さまざまなHMDの光学系の詳細は3章で述べる．

### 1.2.3 透過性と映像チャネル数による分類

HMD は，実環境の透過性，映像チャネル数によって分類できる。

〔1〕 透過性による分類

HMD では，コンピュータ処理による映像（レンダリング映像）が映し出されている。この際に，レンダリング映像しか見ることができない方法を**クローズド型**（非透過型）と呼ぶ。また，実映像とレンダリング映像の双方を同時に観察できる方法を**シースルー型**（透過型）と呼ぶ。

クローズド型は，実視野を遮り，代わりに画像を表示する方式である（**図 1.17** 参照）。HMD の用途や形態にも依存するが，実環境の光をシャットアウトして暗くすることで，コントラストの高い画像を表示することができる。高い没入感を求める VR 用 HMD はこの形式である。実視界は遮られるため，実環境を直接視認する必要があるような AR の用途には向いていない。

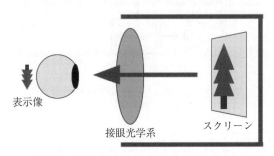

**図 1.17** クローズド型の HMD の模式図

シースルー型は映像合成の方式によって分類される（**図 1.18** 参照）。図 (a) に示す**光学シースルー**（**OST, optical see-through**）は，実視界を遮らず，視界内に表示画像を光学的に重畳する方式である。カメラで撮影された画像と異なり，高精細かつ遅れのない実視界が常時確保されるため，屋外での作業など，実視界が安全に直結する状況でも使用が可能である。一方で，実視界に対してつねに光を加算して表示しているため，そのままでは不透明な画像の表示や，影などの実視界よりも暗い領域の表現は行えないという制約がある。また，日中の屋外など，明るい環境で画像を表示する場合は，サングラスをかけたと

18    1. ヘッドマウントディスプレイの概要

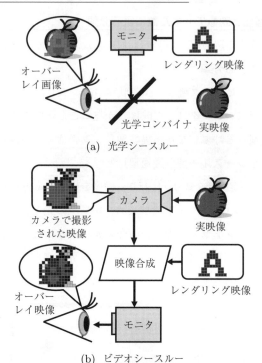

(a) 光学シースルー

(b) ビデオシースルー

図 1.18　シースルー型の HMD の映像合成による分類

きのように実視界を暗くすることで，表示画像のコントラストを相対的に確保する必要がある。

また，図 (b) に示す**ビデオシースルー**（**VST, video see-through**）は，先述の実視界を遮るクローズド方式に実視界用のカメラを付加して，表示画像として実視界を付加する方式である。実視界も同等に表示画像の一部として扱われるため，影などさまざまな視覚効果を実視界に自由かつ容易に付加することができる。また，付加する画像は，実視界に対して不透明も含めて自由に透過率を変更できる。ただし，この方式における実視界はあくまでカメラで撮像された画像であるため，先述の光学シースルーと比較して，画素数（角度分解能）や表示輝度のダイナミックレンジの不足による画質の劣化や，画像処理による

遅延などが生じる。また，特定の焦点面を持つ通常のカメラと表示光学系を用いる場合は，焦点がつねに特定の一点に固定されるという制約もある。

AR 用途では，これらのいずれかの透過方式を利用する。2 種類の透過方式を比較すると，一般に光学シースルーは構成が簡単で，実環境の見え方が自然である利点があり，ビデオシースルーは映像合成結果が均質で，さまざまな画像処理の適用に向いている利点がある。

〔2〕 映像チャネル数による分類

映像チャネル数については，映像の入力数（映像ソースのチャネル数）と出力数（映像提示ユニットの個数）の組合せにより，おもに 3 種類に分類される（図 1.19 参照）。

(a) 単眼式　　(b) 双眼式　　(c) 両眼式

図 1.19　HMD の映像チャネル

図 1.19 (a) に示す**単眼式**（monocular）HMD は，右目または左目のいずれかのみに対応する映像ユニットを備える。没入感を求めず小型軽量化を追求した（Google Glass などの）アノテーション（注釈情報）の提示向けのスマートグラスに多く使用されている（**図 1.20** 参照）。軽く，小さく作られており，装着しても邪魔にならず，長時間使用してもユーザーの負担になりにくいことが利点である。常時装着しながら，小さい視野角で視界の片隅で情報を捉える用途に向いている。その反面，両眼立体視は行えず，現実感を持たせた立体的な画像の表示は行えない。片眼ごとの映像が大きく異なるため，両眼での観察がしづらい問題もある。このため，単眼 HMD を AR に用いる場合は，クローズド型やビデオシースルー型ではなく，光学シースルー型が好ましい。

図 1.19 (b) に示す**双眼式**（bi-ocular）HMD は，2 つの映像ユニットに対して，

20    1. ヘッドマウントディスプレイの概要

図 1.20　単眼式 HMD

共通の映像ソースが入力される。すなわち，同一の映像を両眼で観察する。安価な民生用 HMD でも利用できるが，双眼式 HMD は立体視ができない。AR に用いる場合は，単眼 HMD とは逆に，光学シースルーでは利用しづらく，クローズドに単眼カメラを取り付けたビデオシースルー型とするのが一般的である。

図 1.19 (c) に示す**両眼式**（binocular）HMD は，2 つの映像ユニットに対して独立に映像ソースが入力される。EPSON Moverio のように作業支援やコンテンツ提示をおもな用途とするスマートグラスに用いられることが多い（**図 1.21** 参照）。両眼式の HMD に対して適切に 2 種類の映像ソースを入力することで，立体視が可能となる。両眼式 HMD は，光学シースルーとビデオシースルーのどちらの場合でも AR に適する。

図 1.21　両眼式 HMD

HMD の透過方式と映像チャネルの組合せとそれぞれの AR における適性を**表 1.1** にまとめて示す.

表 1.1 HMD の透過方式と映像チャネルの組合せの適性

|  | 単眼式 | 双眼式 | 両眼式 |
| --- | --- | --- | --- |
| 光学シースルー | ○ | × | ◎ |
| ビデオシースルー | × | ○ | ◎ |

### 1.2.4 多様なヘッドマウントディスプレイの必要性

HMD に求められる視野角や解像度などのさまざまな要件は,ターゲットとなる具体的な AR アプリケーションによって大きく異なる.例えば,以下は典型的な AR アプリケーションと,それに用いる HMD に求められる要件の例である.

- 屋外の歩行者にナビゲーション支援を行う場合は,軽量で装着性に優れ,周辺視野を閉塞しないことが重要である.また,近景から遠景まで視距離が変化するため,眼のピントがさまざまな距離に変化しても,映像が鮮明に見えることが望ましい.一方,視野角や解像度は,ある程度犠牲にできる.
- 航空機の操縦士に地理情報を提示する場合は,強い日差しに負けない輝度の高い映像をコックピットからの視界全域に提示するため,広視野・高輝度であることが重要である.一方,軽量性や装着性は,ある程度犠牲にできる.また,視距離が遠方のため,立体視の重要性は低い.
- 外科医の手術支援のため,患部に医療データを提示する場合は,手もとに近い患部に精度の高い映像を提示するため,高い角度分解能と立体視が重要である.一方,広視野・高輝度である必要性は低い.
- 建築予定地に建造物モデルを重畳表示する景観アセスメントの場合は,実環境とバーチャル環境が画質的に合致していること(画質的整合性)が重要であり,バーチャル環境のダイナミックレンジや色再現域などが実

環境のそれと一致することが望ましい。また，実環境とバーチャル環境が隠し合う相互遮蔽を表現できることが望ましい。

VRやARは究極的には，視覚を含むさまざまな感覚刺激の自由自在な変調を目指すものである。しかしながら，これらの要件をすべて満たし，人の視覚能力に匹敵するような「完璧な」HMDを実現することはきわめて困難である。視覚の自在な変調という大きな目標と比較すれば，現在のHMDはきわめて貧弱な性能に留まるといわざるを得ない。人の視覚はきわめて高い性能を有しており，その視野角，解像度（角度分解能），ダイナミックレンジ，奥行き知覚能力などをフルに活かせるだけの表現力を備えるHMDはいまだ存在しない。また，AR特有の性質として，実環境とバーチャル環境を違和感なく合成できる必要があり，その幾何的・時間的・画質的な整合性の確保に適したHMDを実現することにも技術的チャレンジがある。そのため，トレードオフ関係にある多くの要素の妥協点を探り，目的に合ったHMDを選択あるいは設計することが重要である。

Virtual Reality Library

# 第2章 人間の視覚

ヘッドマウントディスプレイ

HMDの性能や機能は，人間の視覚機能と照らし合わせて理解する必要がある。そのため，本章では，人間の視覚機能について述べる。

まず，眼球と外眼筋，角膜，虹彩と瞳孔，水晶体，網膜，視細胞など，眼の構造について理解する。つぎに，視力，視野，色覚，光覚，調節，眼球運動などの視機能を学ぶ。最後に，単眼性，両眼性の手がかりと奥行き知覚について紹介する[1]。

## 2.1 眼の構造

人間の眼の構造はカメラになぞらえると理解しやすい（**図2.1**）。カメラでは，図 (b) のように，入射した光をレンズで集光することでフィルムに映像を写し取る。人間の眼の場合，図 (a) のように，角膜を通して入射した光を集めるレンズに相当するのが水晶体となる。また，網膜は映像を写し取るフィルムに相当する。入射する光量を調節するために，カメラでは絞りの大きさを調節する。人間の眼では，虹彩が絞りに相当する。同様に，まぶたとレンズキャップが対応している。

眼球の内部は空洞ではなく，ゼリー状の硝子体が充満している。網膜で写し取られた映像は視細胞で電気信号に変換され，視神経を経て脳に伝わっていく。以下ではこのしくみを詳しく見ていく[2]。

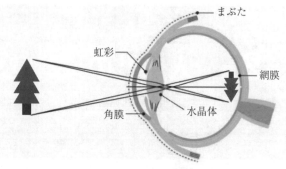

(a) 人間の眼の構造

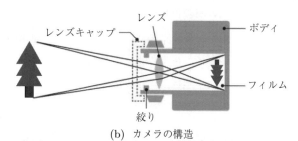

(b) カメラの構造

図 2.1　人間の眼とカメラの構造の比較

### 2.1.1　眼球と外眼筋

　眼は視覚を司る重要な感覚器官であり，頭部のほぼ中央に 2 つ存在する。成人の**瞳孔間距離**（**眼幅**）は約 52〜72 mm であり，男性の平均値は約 64 mm，女性の平均値は約 62 mm である。**眼球**はほぼ球形であり，その前後径（**眼軸長**）は新生児で 16〜17 mm，3 歳で約 22 mm，以降は緩やかに成長して成人で約 24 mm に達する。ほぼ 10 円玉（直径 23.5 mm）と同サイズである。眼球の約 5/6 は白色不透明の**強膜**で覆われており（いわゆる白目），約 1/6 は無血管の無色透明な**角膜**で覆われている（いわゆる黒目）。強膜は厚さ 0.4〜1.0 mm 程度であり，丈夫で弾力性がある。

　頭蓋骨の中で眼球がある窪みを**眼窩**といい，横径約 40 mm，縦径約 35 mm，深さ約 50 mm である。眼球と眼窩は眼を動かす 6 つの筋肉（上直筋，下直筋，内直筋，外直筋，上斜筋，下斜筋）で接続されており，これらの筋肉をあわせ

て**外眼筋**という。上直筋，下直筋，内直筋，外直筋はそれぞれおおむね眼球を上向き，下向き，内向き，外向きに回転させる。上斜筋，下斜筋はそれぞれおおむね眼球を内向き，外向きに回旋させる（**図 2.2**）。

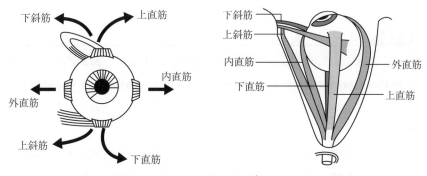

**図 2.2** 外 眼 筋 [3)]

**図 2.3** において，光は左から右向きに入射する。以下では，眼に光が届く順番に従って，眼の各部位を詳しく見ていく。

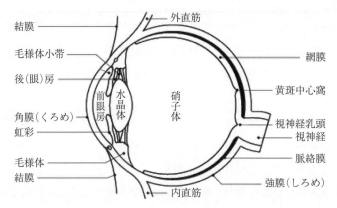

**図 2.3** 頭頂部から見下ろした右眼の水平断面図

### 2.1.2 角 膜

眼に届く光は，まず角膜を通過する。**角膜**は曲率半径約 7.5 mm の球面形状であり，横径が約 12 mm，縦径が約 11 mm，厚さが約 0.5 mm である。つまり，角膜は強膜部分からやや突出しており，眼球全体としては大小 2 つの球体が重

なり合った形状をしている。角膜の屈折率は約 1.37 で水より高く，水晶体と並んで眼の屈折力を提供している。眼球の最外層にある角膜と強膜をあわせて**眼球外膜**（**線維膜**）という。

### 2.1.3　虹彩と瞳孔

角膜から入射した光は前房（前眼房）を通過し，虹彩で一部がブロックされる。**虹彩**は円板状の組織であり，中央の開口部である**瞳孔**の大きさを調節する絞りの役割を担っている。瞳孔サイズの調節は，瞳孔括約筋と瞳孔散大筋によってなされる。瞳孔括約筋は瞳孔の周囲にリング状に存在し，収縮すると瞳孔が小さくなる（**縮瞳**）。瞳孔散大筋は瞳孔から放射状に存在し，収縮すると瞳孔が大きくなる（**散瞳**）。瞳孔は角膜表面から約 2～3 mm 内部に位置し，瞳孔径は約 2 mm から約 8 mm の間で変化する。

### 2.1.4　水　晶　体

瞳孔を通過した光は，無血管の無色透明な**水晶体**で屈折し，**硝子体**に入射する。水晶体の直径は 9 mm，厚さは約 4～5 mm である。硝子体の屈折率は水と同じ約 1.33，水晶体の屈折率は約 1.43 である。水晶体の厚みが変化することで屈折力が調整され，近いところや遠いところにピントを合わせることができる。水晶体は自ら厚みを変化させることはできず，リング状の**毛様体筋**と放射状の**チン小帯**の働きで厚みが変化する（**図 2.4**）。

近くを見るときは，毛様体筋が収縮することでその内側のチン小帯も緩み，その結果水晶体は自らの弾力で厚くなり，屈折力が大きくなる。遠くを見るときは，毛様体筋が弛緩し，チン小帯が外へ引っ張られて緊張することで水晶体も引っ張られて薄くなり，屈折力が小さくなる。このように眼の屈折力を変化させる作用を**調節**という。水晶体の形状は，前面の曲率半径が約 10 mm から 6 mm まで変化するが，後面はほとんど変化しない。

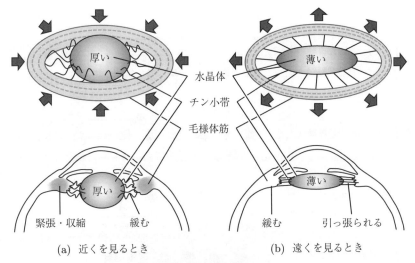

図 2.4　水晶体の調節のしくみ

### 2.1.5　網　　膜

硝子体を通過した光は，最終的に**網膜**に到達する。網膜は眼球の外壁を構成する 3 つの層のうち最も内側の層（**眼球内膜**）で，厚さは 0.2〜0.3 mm である。強膜と網膜の間には，血管が多く走りメラニン色素を多く含む**脈絡膜**があり，この脈絡膜が網膜に酸素を供給し乱反射を防ぐ役割を担っている。虹彩，毛様体，脈絡膜をあわせて**眼球中膜**（ぶどう膜）という。

網膜は 10 層構造をしており，内側に 9 層の神経網膜が存在し，その外側に網膜色素上皮層が存在する（**図 2.5**）。神経網膜は最も内側から順に，内境界膜，神経線維層，神経節細胞層，内網状層，内顆粒層，外網状層，外顆粒層，外境界膜，視細胞層（桿体および錐体層）である。細胞の種類としては，内側から順に神経節細胞，双極細胞，視細胞の 3 層構造であり，この縦方向の情報伝達を横方向に繋ぐために水平細胞とアマクリン細胞が網目状に広がっている。水平細胞やアマクリン細胞は，ある視細胞が興奮するとその周辺の双極細胞の興奮を抑制するように働くことで，輪郭強調に役立っていると考えられている。

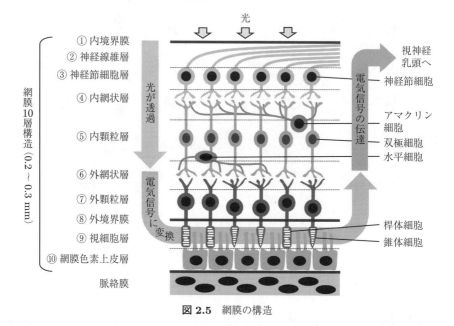

図 2.5 網膜の構造

　網膜の最後部（後極部）付近には，やや陥没した暗黄褐色の直径約 2 mm の部位があり，**黄斑**と呼ばれる。黄斑の中央には，さらに陥没した直径 0.2〜0.4 mm の部位があり，**中心窩**と呼ばれる。中心窩から鼻寄り約 4 mm のあたりには，淡紅色の円板状の部位があり，**視神経乳頭**と呼ばれる。

　なお，網膜には視細胞が存在しない部位がある。瞳孔縁に近い前側約 1/4 には視細胞が存在せず，光を感じない。また，視神経乳頭部から眼球の外部までは視神経が貫通しているため，視細胞が存在しない。これに対応する視野の領域は，**盲点（マリオット盲点）**と呼ばれる。この領域は注視点から耳側約 15°に幅約 5°の縦長の楕円として存在しているが，その大きさのわりに自覚することは少ない。これは両眼で互いに補完していることに加えて，単眼であっても視覚系が周辺の情報で欠損部位を埋める**フィリングイン（知覚的充填）**が起こるためであるとされている。

### 2.1.6 視細胞

図 2.5 に示すように，網膜に入射した光は，内境界膜側から外境界膜まで順に透過し，視細胞層にある**視細胞**に到達する．視細胞で光刺激が電気信号に変換されると，電気信号が再び網膜神経細胞の各層に伝わり細胞間でシナプス結合されて，視神経乳頭部を経て眼の外に伝達される．

視細胞には**錐体・桿体**（杆体）の 2 種類が存在し，それぞれ異なる特性で光刺激を電気信号に変換する（**図 2.6**）．錐体細胞（cones）は明るい環境下で働き（明所視），色や形の識別に寄与している．錐体細胞は 1 億から 1 億 3 千万個ほどあるとされ，中心窩に最も多く分布し，そこから離れるにつれて著しく減少する．吸収波長特性の異なる 3 種類が存在し，L 錐体（赤錐体），M 錐体（緑錐体），S 錐体（青錐体）と呼ばれる．これらはそれぞれ 564 nm，534 nm，420 nm 付近に吸収波長のピークがあり，その興奮度の比を用いて色を識別している．**図 2.7** は，これら 3 種類の錐体細胞と後述の桿体細胞（rods，図 2.7 では R と表記）の波長ごとの吸光度（光が通過した際にどの程度吸収されるかの感度）を示している．3 種類の錐体のいずれかが欠損したり，吸収波長が異なると，**色盲**や**色弱**などの**色覚異常**が発生する．

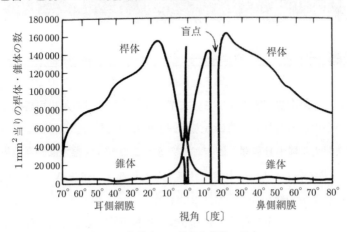

図 2.6　網膜上での錐体と桿体の分布

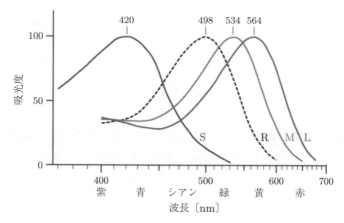

図 2.7　視細胞の波長ごとの相対感度

　一方，桿体細胞は暗い環境下でも働き（暗所視），錐体細胞の数十倍から千倍ほど感度が高い。光子1つに対しても応答する。650万から700万個ほどあるとされ，中心窩には存在せず，周辺部に多く存在する。また，1種類のみであり，498 nm（青緑）付近にピークを持つ。

## 2.2　視　　機　　能

### 2.2.1　視　　　　力

　光の強さの空間的分布を知覚する視機能には，均一な背景の中の小さな点の存在に気づく**最小視認閾**や，小さい文字や図形を見分ける**最小可読閾**など，さまざまなものがある[4),5)]。このうち，一般的な視力検査では，2つの点や線の分離を識別する**最小分離閾**を測定している。このとき，**視力**は弁別限界の視角（分）の逆数で表し，1.0以上の場合に正常と見なす。視角 $N'$（$'$ は分を表す）だけ離れた2つの線がかろうじて2本に見えれば，視力 $1/N$ となる。視力検査の指標として広く用いられている**ランドルト環**は，太さと欠損部の幅が等しく，外径がその5倍となっている。視力1.0に相当するランドルト環の欠損部の幅は，5 m の距離から観察する場合1.5 mm となる。一般の視力検査で得ら

れる視力の上限は 2.0 である。一方，眼鏡などで矯正しても視力が 0.3 に達しない場合を**弱視**（ロービジョン）と呼ぶ。

こうした視力検査では，注視方向の視力である**中心視力**を測定している。しかし，視力の高い中心視領域（**弁別視野**）は，せいぜい視角半径 2.5° 程度に過ぎない。注視方向から離れた**周辺視力**は，錐体細胞の分布に従って急激に低下し，例えば 5° 離れると 0.1〜0.3，10° 離れると 0.05〜0.1 ほどになる。また，両眼でものを見る場合の**両眼視力**は，片眼視力よりも 10% 程度良くなる。視力は年齢によっても大きく変化し，乳幼児は視力が低く，新生児で光覚がある程度である。生後 3 か月で視力 0.01〜0.02，6 か月で 0.04〜0.08，1 歳で 0.2〜0.3，2 歳で 0.5〜0.6 程度となり，6 歳頃にようやく成人と同程度の視力に達する。視力が発達する時期は限られており，その感受性は 18 か月頃をピークに徐々に衰えて 10 歳頃にはほぼ消失する。この時期に適切な視覚刺激を受けないと，視力が向上しない可能性がある。

なお，弁別閾の種類によって視力の数値は異なる。例えば最小視認閾は視力 3 から 6 程度とされ，条件によっては視力 120 程度に達する。これは均一な黒背景の中の視角わずか 0.5″（″は秒を表す）の細い白線に気づくレベルである。こうしたきわめて高い弁別性能は，物体の質感を感じるために重要であるといわれている。ディスプレイの解像度を検討する際，一般的な視力 1.0 を基準にして 1° 当り 60 画素程度で十分であるという議論をしがちであるが，条件によっては，人間の眼はそれよりはるかに高い弁別性能を発揮することは特筆に値する。

### 2.2.2 視　野

眼球を動かさずに見ることができる範囲を**視野**という。正常な単眼視野の広さ（視野角）は，外側 100°・内側 60°（水平 160°），上側 60°・下側 70°（垂直 130°）ほどである。水平や垂直に非対称であるのは，おもに顔の構造，つまり，視界の端が鼻や額，頬などに遮られることによる。左右の視野は互いに補完し合っており，水平 200°・垂直 130° に及ぶ 1 つの広い視野として知覚される。両眼で同時に見えている**両眼視野**は水平 120° ほどであり，この範囲のものが立体

に見える。なお,色によって視野は異なり,白色が最も広く,通常の視野は白色視野を指す。以下,青,赤や黄,緑の順に視野が小さくなる。すべての色情報が完全に処理される範囲は,中央の約30°程度に過ぎないとされる[6),7)]。

すでに述べたように,視細胞の分布や眼球の構造上,中心ほど分解能が高く注意も向けやすい。このため,視野はいくつかのいびつな同心円状に分類される(**図2.8**)[8)]。視力が優れる**弁別視野**は視角半径2.5°程度であり(図2.8 (A) (1)),眼球運動を伴えば瞬時に情報受容が可能な**有効視野**は,水平30°,垂直20°程度とされる(図2.8 (2))。眼球運動に加えて頭部運動も伴うことで無理な

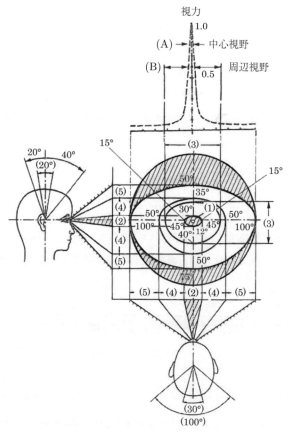

**図2.8** 視野内での情報受容特性[8)]

く注視でき，効果的に情報受容できる**安定注視野**は，水平に 60〜90°，垂直に 45〜70° 程度とされる（図 2.8 (B) (3)）。情報受容能力は低いが環境への自身の定位に影響を及ぼす**誘導視野**は，水平に 30〜100°，垂直に 20〜85° 程度とされる（図 2.8 (4)）。例えば，映像に誘発される**自己運動感覚**（**ベクション**）[†]は臨場感の重要な指標であるが，その誘発は画角が水平 20° 程度から起こり，100°を超えると飽和していくとされる。視野の最も外側である**補助視野**は，刺激があることがわかる程度であり，水平に 100〜200°，垂直に 85〜130° 程度とされる（図 2.8 (5)）。

なお，**中心視野**とその外側の**周辺視野**の統一的な定義は定まっていない。中心窩視覚が機能する弁別視野を中心視野と呼ぶ場合もあれば，中心窩から 20〜30° 程度の範囲（おおむね有効視野の範囲）を中心視野と呼ぶ場合もある。中心視野は錐体細胞が多く，色や形の認識に優れ，周辺視野は桿体細胞が多く，明るさや動きの認識に優れるという違いがある。

### 2.2.3 色　　　覚

色を感じ識別する能力を**色覚**という。色は物体に固有の性質ではなく，物体に反射した電磁波を眼が受け取った際の波長ごとの強度（**分光特性**）から，脳がさらに高次の処理を経て作り出す感覚である[9]。人の眼が感じる波長範囲の電磁波は**可視光**と呼ばれ，下限は 360〜400 nm，上限は 760〜830 nm 程度である。異なる波長の可視光は，異なる色として知覚される。例えば，480 nm の光は青，540 nm は緑，580 nm は黄，660 nm は赤として感じられる。すでに見たように，網膜には吸収波長特性が異なる 3 種類の錐体細胞が存在し，その興奮度の比を用いて色を識別している。興奮度の比が同じであれば，もとの光の物理的な特性が異なっていても同じ色として認識されうる。例えば赤と緑の光を混ぜると，2 色の異なる光ではなく黄色の 1 つの光に見えるが，これは単波長の黄色と区別できない。多くのディスプレイが RGB の 3 原色のみでさまざま

---

[†] 運動する視覚パターンを観察した場合に，その逆方向に運動しているように知覚する錯覚現象およびその感覚。

な色を表現できるのは，この原理による．

条件によって大きく異なるが，一般に識別可能な色の数は $10^3 \sim 10^7$ に及ぶといわれる．ただし，色は錐体細胞の興奮度の比と一対一に対応しているものではなく，近傍に見えているものからの影響や過去の経験などで補正されて解釈される．特に，分光特性が異なるさまざまな照明環境でも同じものが同じ色（例えば赤いリンゴ）に見える**色の恒常性**は，よく知られている色覚の性質である．

神経レベルでは，L錐体とM錐体の興奮度の差（L−M）から赤-緑感覚が，和（L+M）から輝度感覚が，さらに輝度感覚とS錐体の興奮度の差（L+M−S）から黄-青感覚が得られ，これらから色を感じていると考えられている．錐体の機能が先天的に変異していると正常な3色型色覚が得られなくなり，さまざまな**色覚異常**が発現する．L錐体もしくはM錐体に変異が現れた場合には，それぞれ1型もしくは2型の2色覚（いずれも赤緑色覚異常）になる．S錐体の場合は3型2色覚（青黄色覚異常）になる．赤緑色覚異常は男性の約5%，女性の約0.2%と比較的多く，青黄色覚異常は数万人に一人と稀である．なお，こうした色覚は錐体細胞が機能する場合のみに得られる．暗所では錐体細胞が機能せず，1種類しかない桿体細胞のみが機能するため，色を感じることはできない．

### 2.2.4 光覚

光を感じる能力，特に明るさの程度を識別する能力を**光覚**という．人の眼はさまざまなしくみにより，輝度比で $10^{10} \sim 10^{12}$ という非常に広い範囲の明暗刺激を受容可能である．参考として，われわれの環境の照度は，夏の日向が10 000〜100 000 lx[†]で星空が0.001 lx程度であり，およそ $10^8$ の範囲で変化する．$10^{10} \sim 10^{12}$ はその100〜10 000倍という広範囲である．瞳孔径は約2 mmから8 mmまで変化するが，面積比はせいぜい10倍程度であり，広範囲の明暗刺激を受容できるのは，おもに錐体細胞と桿体細胞の機能分担と神経系の視感度調整作用（**順応**）のおかげである[10]．

---

[†] 国際単位系（SI）における照度の単位．ルクス．

錐体細胞はおよそ $10^{-3}\sim 10^{6}\,\mathrm{cd/m^2}$ †の範囲を，桿体細胞はおよそ $10^{-6}\sim 10^{2}\,\mathrm{cd/m^2}$ の範囲の光を感じることができる．したがって，明るい環境では錐体細胞のみが働き（**明所視**），暗い環境では桿体細胞のみが働き（**暗所視**），その間は両方の視細胞が働く（**薄明視**）．なお，これらの具体的な範囲は国際標準で定められており，例えば国際照明委員会（CIE）では $0.005\sim 5\,\mathrm{cd/m^2}$ を薄明視としている．明るい環境から暗い環境に移ると，中心視野は数分から 10 分程度で，また周辺視野は約 1 時間かけて徐々に光覚閾が低下し，暗い箇所が見えてくる（**暗順応**）．逆に暗い環境から明るい環境に移ると，約 1〜2 分で光覚閾が急激に上昇し，明るい箇所が見えてくる（**明順応**）．

波長によっても明るさは異なって感じられ，明所視では 555 nm（緑）付近，暗所視では 507 nm（青）付近の光を最も強く感じる．つまり，暗所視になると，赤や黄はより暗く，青や紫はより明るく見える．このように明暗の順応によって視感度のピークが変化することを**プルキニエ現象**と呼ぶ．

### 2.2.5　調　　　節

すでに述べたように，眼の屈折力の多くは角膜と水晶体によってもたらされる．レンズの屈折力は焦点距離 $f\,[\mathrm{m}]$ の逆数 $1/f\,[1/\mathrm{m}]$ で表すことが多く，これを**ジオプトリ**（ジオプタ，ディオプトリ，**ディオプタ**）という単位〔D〕で呼ぶ．例えば，焦点距離 50 cm のレンズの屈折力は $1/0.5 = 2\,\mathrm{D}$（ジオプトリ）である．凹レンズの焦点距離は符号が負となる．レンズの厚みとレンズ間の距離を無視した場合，組合せレンズの屈折力は，それぞれのレンズの屈折力の和で表せる．例えば，2 D と 4 D のレンズを組み合わせたレンズの屈折力は 6 D になる．

眼を光学系として見た場合，その屈折力は角膜が約 43 D，水晶体が約 20 D，眼球全体で約 60 D となる．**近視**の場合はこれよりも大きな屈折力となり，**遠視**の場合はこれよりも小さな屈折力となる．屈折力に異常がない状態を**正視**と

---

† 国際単位系（SI）における輝度の単位．カンデラ毎平方メートル．nit（ニト）とも表記する．

いう。眼の**屈折異常**の多くは，レンズで矯正することができる。例えば，眼の屈折力が 63 D という軽度の近視の場合，−3 D の凹レンズを用いて全体で 60 D の屈折力に矯正する。通常，近視や遠視などの屈折異常の程度は矯正レンズの屈折力で表すため，この場合の屈折度数は −3 D となる。矯正に必要なレンズの屈折度数を**視度**と呼ぶこともある。

なお，**乱視**は角膜の歪みなどのために，ある点からの光が 1 点に集まらない状態をいう。角膜や水晶体の曲率が方向によって異なる正乱視は，それを打ち消すように方向によって焦点距離を変えた円柱レンズを用いて矯正できる。歪みが不規則な場合は**不正乱視**になり，レンズで矯正することは困難である。

ものがはっきり見える最も遠い距離を**遠点**，最も近い距離を**近点**といい，この奥行き範囲を**明視域**という。先の屈折度数が −3 D の状態は，遠点が 33.3 cm，すなわち 33.3 cm より遠方がぼけて見える状態と言い換えることができる。眼の調節力は年齢とともに衰え，正視の場合の近点は 10 代では 8 cm 程度であるが，40 代では 25 cm 程度に遠ざかる。ジオプトリで表した遠点と近点の差を**調節幅**という。調節幅は幼児では 15 D ほどあるが，年齢とともに減少し，60 代でゼロに近づく。

眼の調節の精度は約 0.1～0.2 D であり，明所視では調節に要する時間は 200～250 ms 程度といわれている。ただし，距離が変化する移動物体を追跡するような場合，調節の応答遅れが 300～400 ms ほど起きるといわれている。

### 2.2.6　眼球運動

眼球の動きは，急にジャンプしたり滑らかに動いたりといった，いくつかの特徴的な運動に分類され，われわれはつねにこれらを組み合わせてものを見ている[11]。これらは，左右の眼が同じ方向に回転する**両眼共同運動**と，左右の眼が逆方向に回転する**両眼離反運動**に大別される。

両眼共同運動には，跳躍運動，追従運動，前庭動眼反射などがある。**跳躍運動**（跳躍性眼球運動，衝動性眼球運動，saccadic movement）は，ある 1 点から別の 1 点に急激に眼を動かす運動であり，**サッケード**（サッカード，**saccade**）と

も呼ばれる。跳躍運動は日常的な環境で毎秒3～4回程度発生しており，1回当り約20～80 ms 持続する。最大で300～500°/s の角速度がある。ある目標を見てから実際に跳躍運動が開始するまでの時間（**サッケード潜時**）は，約200 ms である。跳躍運動の最中は，網膜像の視覚情報処理が遮断されるため，眼が動いても世界がぶれたりはしない。この働きを**サッケード抑制**という。

**追従運動**（追従性眼球運動，随従性眼球運動，pursuit movement）は，動いているものを中心窩で捉え続けようとする眼球運動である。特に，対象の動きが30°/s 程度までは滑らかな追従が可能であり，この運動を滑動性追従運動（smooth pursuit movement）という。これより速くなると，ときどき跳躍運動で補正しながら追従する。

**前庭動眼反射**（**VOR**, vestibulo-ocular reflex）は，頭部の回転方向と逆向きに眼球が回転する働きである。これは追従運動と同様に対象を中心窩で捉え続けようとする眼球運動であり，このために，頭を動かしても安定して対象を注視し続けることができる。

一方，両眼離反運動には，近い対象を見るために寄り目にする**輻輳運動**と，遠い対象を見るために目を平行に近くする**開散運動**がある。これらの動きは最大で20°/s 程度と比較的遅い。

**固視微動**は，これらとは性質が異なる特殊な不随意の眼球運動である。眼球は視線を固定した状態（固視）でもつねに微小に運動しており，これを固視微動と呼ぶ。このようなぶれは網膜像が安定せず不利に思われるが，固視微動を止めると数秒でものが見えなくなることが知られている。固視微動は，同じ刺激を受け続けることによる感度低下を防いでおり，われわれはむしろ固視微動のおかげでものが見えている。固視微動は比較的小さくて速いトレモア（振幅5～15″程度，30～100 Hz 程度），大きくて速い**マイクロサッケード**（振幅1～25′程度，頻度1～3回/s 程度），大きくて遅いドリフト（振幅5″程度）に分類される。マイクロサッケードはフリックとも呼ばれ，潜在的な注意や作業への集中度などを反映することが知られている。

## 2.3 奥行き知覚

奥行きの知覚は，さまざまな要因（手がかり）が複合して生じる。**奥行き手がかり**は，単眼性／両眼性，生得的（生理的）／経験的（心理的）などに分類される[12]。それぞれの奥行き手がかりは，特に機能する距離や感度が異なっており，われわれはこれらを相補的に用いている。

### 2.3.1 単眼性の手がかり

単眼のみで得られる奥行き手がかりには，生得的な**調節**と経験的な**運動視差**や**絵画的手がかり**などがある。

〔1〕調　節

水晶体の**調節**機能の結果，注視距離は鮮明に見え，それ以外の距離はぼけて見えるため，調節に関わる筋肉の緊張度と網膜上のぼけ量から奥行きを知覚することができる。調節による奥行き感度はそれほど高くないが，2～3m以内の近距離では有効に働き，自然な立体感を形成する上で重要な手がかりとなる。

〔2〕運動視差

**運動視差**は，観察者または観察対象が動くことによって生じる視差のことである。両者の相対速度が一定の場合，近いものほど網膜上を速く（大きく）動き，遠いものほど網膜上を遅く（小さく）動くので，この網膜上の移動速度やずれの量から距離を知覚する。運動視差に直接対応する生理的なしくみは存在せず，経験によって奥行きを推定している。運動視差は水晶体の調節によるものよりも10倍以上の奥行き感度があり，10m以内までは距離によらず一定の感度であることや，数百mの範囲まで有効に働くことも特徴である。

〔3〕絵画的手がかり

われわれはさまざまなものを見てきた経験と知識によって遠近を判断している。**絵画的手がかり**は，そのような2次元の画像的な手がかりの総称である。

具体的には，重なり（遮蔽），相対的大きさ，陰影，空気（大気）透視，線遠近法，きめ（テクスチャ）の勾配などがある。われわれは物体が重なっている場合には隠れている物体のほうが遠いと解釈し（重なり），物体の大きさを知っている場合には小さいほうが遠いと解釈する（相対的大きさ）。また，明るい面は上方に向いており，暗い面は下方に向いていると解釈して，物体の起伏を推測し（陰影），くすんだ山並みは鮮やかな山並みよりも遠いと解釈する（空気透視）。さらに，長い廊下のようにパースの効いた情景では消失点に近いほど遠いと解釈し（線遠近法），規則的なパターンの密な部位は疎な部位よりも遠いと解釈する（きめの勾配）。なお，絵画的手がかりのみを指して，経験的手がかりと呼ぶこともある。

### 2.3.2　両眼性の手がかり

両眼で得られる奥行き手がかりには，生得的な**両眼視差**と**輻輳**がある。

〔1〕両眼視差

**両眼視差**は左右の網膜像の位置ずれを指し，おおむね 10 m 以内の距離では最も強力な奥行き手がかりとなる。両眼の情報を統合する脳内の一次視覚野には，両眼視差に反応するさまざまな細胞が存在している。

〔2〕輻輳

すでに述べたように，**輻輳**は両眼を注視対象に向ける働きであり，両眼の視線がなす角（輻輳角）と眼幅から三角測量を行うことで，奥行きを知覚している。生理的には，外眼筋の緊張状態などから奥行きを推定していることになる。輻輳の奥行き感度はおおむね水晶体の調節のそれと同程度であり，近距離の場合には有効に働く。なお，調節と輻輳は互いに連動することがよく知られており，一方が変化すると他方も変化する傾向がある。HMD を含む 2 眼式立体ディスプレイの多くは，輻輳にかかわらず虚像面までの距離が一定であるため，**輻輳調節矛盾**が生じ，眼精疲労の原因となる。

### 2.3.3 奥行き感度

図 2.9 は，視距離/奥行き弁別閾 ($D/\Delta D$) で定義した奥行き感度を，距離と要因ごとにまとめたものである[13),14)]。

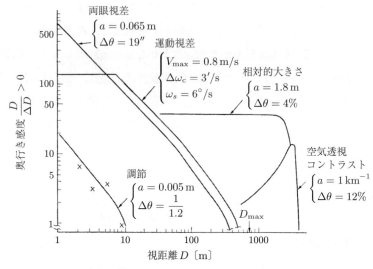

図 2.9　各要因による奥行き感度の距離特性[13)]

両眼視差について，図では眼幅 $a = 0.065\,\mathrm{m}$，視差弁別閾 $\Delta\theta = 19''$ の場合の奥行き感度を示している。近距離では非常に奥行き感度が高いことがわかる。

運動視差について，観察者の運動速度 $V$ に伴う対象物体の角速度 $\omega$ は距離に反比例するため，奥行き感度も距離に反比例する。運動速度の最大値を $V_{\max}$，運動視差速度弁別閾を $\Delta\omega_c$ としたとき，弁別限界距離は $D_{\max} = V_{\max}/\Delta\omega_c$ となる。ただし，$\omega$ が大きすぎても奥行き感度は小さくなり，最適な角速度 $\omega_s$ が存在するため，ある距離より近い物体については，実質的な奥行き感度は一定となる。図では，$V_{\max} = 0.8\,\mathrm{m/s}$，$\Delta\omega_c = 3'/\mathrm{s}$，$\omega_s = 6°/\mathrm{s}$ の場合の奥行き感度を示している。広い距離範囲にわたって運動視差の奥行き感度が両眼視差と同等以上に高いことがわかる。

水晶体の調節について，図では瞳孔径 $a$ を $0.005\,\mathrm{m}$，ぼけ弁別閾 $\Delta\theta$ を視力 1.2 の逆数とした場合の奥行き感度を示している。両眼視差や運動視差よりも

著しく奥行き感度が低いことがわかる。

相対的大きさについて，大きさ $a$ の弁別閾 $\Delta\theta$ はおよそ網膜像の大きさ ($\Delta\theta_a = a/D$) に比例する。これは視距離によらず一定であり，最大視距離は視力に制限される。図では $a$ を 1.8 m，$\Delta\theta$ を 4% とした場合の奥行き感度を示している。数十 m より遠い場合に最も奥行き感度が高くなることがわかる。

空気透視について，図では輝度が $1/e$ に低下する距離の逆数を $a$，コントラスト弁別閾 $\Delta\theta$ を 12% とした場合の奥行き感度を示している。空気透視は，遠距離の場合に補助的に奥行き手がかりを与えることがわかる。

# 第3章 ヘッドマウントディスプレイの光学系

HMDの大きな特徴の1つは，他の多くのディスプレイが設置型であるのに対して，装着型である点である．HMDは頭部に装着可能でありつつ，想定する用途に対して必要十分な視野角を確保する必要がある．そのため，物理的に大きな表示面を持つ平面ディスプレイと異なり，何らかの光学系を介して表示を行っている．つまり，表示性能はこの光学系に大きく左右される．また，HMDはその用途によって求められる性能が異なる．大きさ，厚さ，画質などを考慮して，想定用途に応じてさまざまな光学系が開発，適用されている．本章では，HMDにおける主要な光学系と，それぞれの光学系における重要な概念について述べる．

以下では，最も単純な屈折型を基本原理として，実視界の重畳，小型・軽量・薄型化，高視野角化などの各種特性を持たせた形式，さらにその他の原理を用いた光学系についても述べる．なお，各形式はクローズド，光学シースルー双方に適用できるもの，あるいは光学シースルーにのみ適用するものが存在し，適用の可否については各項目で述べる．

## 3.1 屈 折 型

最も基本形と呼べる光学系が**屈折型**である．現在広く市販されているVR用HMDは，ほとんどがこの屈折型を採用している．また，3.2節以降で述べる反射屈折型，自由曲面プリズム型，ウェーブガイド型は，いずれもこの屈折型の基本原理を応用したものである．

## 3.1.1 視距離と視野角

まず,理想的なディスプレイとして,**図 3.1** のように非常に大きなスクリーンを持つ映画館を想定する。スクリーンは十分な遠方に位置しており,スクリーンから発する特定の角度からの光は,ほぼ平行と仮定できる。このとき,瞳孔とスクリーン間の視距離を $z$,スクリーンの 1 辺の長さをスクリーンサイズ $l$ とすると,**図 3.2** に示す視野角 $\theta$ は次式で表される。

$$\theta = 2 \times \arctan\left(\frac{l}{2z}\right) \tag{3.1}$$

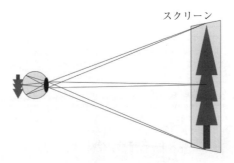

**図 3.1** 映画館の模式図

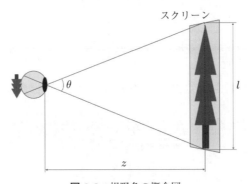

**図 3.2** 視野角の概念図

式 (3.1) で示されるように,スクリーンサイズ $l$ が大きいほど,また視距離 $z$ が小さいほど,視野角 $\theta$ は大きくなる。映画館のスクリーンは大きすぎるため,視野角 $\theta$ を維持しつつ頭部に搭載できる大きさにするには,$l$ と $z$ の比率を保ち

つつ，ともに小さくする必要がある．物理的に小さいスクリーンは，**液晶ディスプレイ**（**LCD**, liquid crystal display）や**有機 EL ディスプレイ**（**OLED**, organic light emitting diode, organic electroluminescent）などで実現できる．しかし，頭部に搭載できるサイズである数 cm 程度まで $z$ が小さくなると「十分な遠方」の仮定が成り立たず，このような至近距離では観察者が焦点を合わせることができないため，正常にスクリーン像の観察が行えなくなる．

そこで，**図 3.3** のように眼の位置に**接眼レンズ**を配置し，接眼レンズから $d$ だけ離れた後方から観察することで，十分な遠方と等価な位置にスクリーン像を表示する．

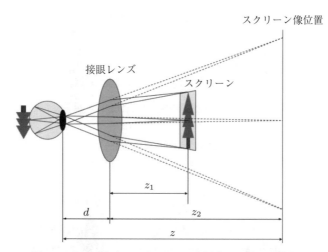

**図 3.3** レンズを介してスクリーンを観察する様子の模式図

接眼レンズの焦点距離を $f$，レンズによって得られるスクリーン像の位置を $z_2$，接眼レンズとスクリーン間の距離を $z_1$ とすると，これらの関係は次式で表される．

$$\frac{1}{f} = \frac{1}{z_1} - \frac{1}{z_2} \tag{3.2}$$

このとき，$f \geqq z_1$ であり，接眼レンズを介したスクリーン像は $f = z_1$ の場合は $z_2 = \infty$ となり無限遠位置で結像し，$f > z_1$ の場合はとりうる $z_2$ が存在せ

ず，光が発散して結像しなくなる．この拡散する光が逆方向で収束する位置が $z_2$ であり，スクリーン像が表示される位置になる（図 3.3 参照）．

なお，接眼レンズから $d$ だけ離れた位置で観察しているため，視距離 $z$ は次式で表される．

$$z = z_2 + d \tag{3.3}$$

この距離 $d$ は HMD 装着時の顔の形状などで mm 単位で変動しうるが，$z_2$ は**固定焦点**の場合 $1 \sim 3\,\mathrm{m}$ 程度であるため，観察者が知覚できるほどの差は生じない．ただし，**可変焦点**で $10 \sim 20\,\mathrm{cm}$ 程度の至近距離に物体を表示する場合には，$d$ の変動は視距離に無視できない影響を与える．

なお，接眼レンズを用いた場合の視野角 $\theta$ は，式 (3.1) の $z$ が $z_1$ に置き換わり，式 (3.4) のようになる（**図 3.4** 参照）．視距離 $z$ と異なり，視点位置が後述する**アイボックス**の範囲内に収まっている場合は，視野角 $\theta$ は $d$ にほぼ依存しない．

$$\theta = 2 \times \arctan\left(\frac{l}{2z_1}\right) \tag{3.4}$$

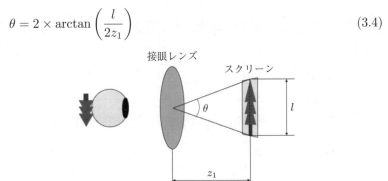

**図 3.4** レンズを介した際の視野角の模式図

### 3.1.2 アイボックス

式 (3.2), (3.4) のみを考慮すると，$f$ が小さい小口径のレンズを用いて，$z_1$ をごく短くすれば，スクリーンサイズ $l$ を極小にしつつ視野角 $\theta$ を大きくした超小型の光学系が実現できるように思える．しかし，そのような光学系では良好に像が観察できる位置がごく限られ，眼鏡も使用することができず，実用に

適さなくなる。この良好に像が観察できる位置の範囲を**アイボックス**と呼ぶ[1]。最も単純な屈折型の VR 用 HMD の場合，アイボックスは**図 3.5** の太い破線内の領域で表される。また，アイボックスの中で眼が前後に動ける $e$ の範囲を**アイレリーフ**と呼ぶ。

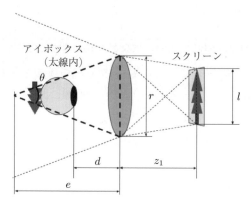

**図 3.5** アイボックスの模式図

図 3.5 のように，レンズ有効径 $r$ が小さい場合，あるいは同じ $r$ でも視野角 $\theta$ が大きい場合は，アイボックスはごく小さくなる。アイボックスを維持したまま視野角 $\theta$ を確保したい場合は，レンズ有効径 $r$ を大きくすることが有効だが，光学系が大型化する。また，HMD を薄型にするには $z_1$ を小さくする必要があるが，同時にアイレリーフ $e$ も短くなるため，眼鏡の使用を考慮した場合は，最低でも 2～3 cm 程度の余裕が必須になる。レンズの有効径 $r$ を大きくすればアイレリーフを確保できるが，その場合はやはり HMD が大型化する。

以上のように，屈折型における視野角，アイボックス，光学系の大きさはトレードオフの関係にあり，現在市販されている HMD の多くは，実用性を考慮して各要素のバランスをとった形態となっている。一部のハイエンド機や産業用途の HMD は広視野角を優先しており，例えば Pimax Vision 社が販売している HMD の Pimax 8K X は，スクリーン $l$ を大きくすることで大型化を許容しつつ，左右両眼で 200° という広視野角を実現している[2]。ただし，左右の視野が一部オーバーラップする形式であり，片眼の視野角はそれよりも小さい。

### 3.1.3 接眼レンズ

ここまでの説明では，簡単のために**接眼レンズ**は厚みがなく焦点距離が $f$ の理想的なレンズとしていた。現実には各種の物理的な大きさや画質劣化の要因が存在するため，重視する目的に応じてさまざまなレンズが用いられている。1 枚の凸レンズが最も基本的な構成となるが，単純な球面凸レンズをそのまま使用する場合，各種収差による画質の劣化，厚みによる重量増，スペースの消費が問題になる。画質劣化の要因である収差の中でも，画像の歪みとして表れる**歪曲収差**については，スクリーン側の表示画像を収差に応じてあらかじめ歪ませて補正する手法が確立している。**図 3.6** の例では，図 (a) がスクリーン上に表示された格子像で，樽型に歪んでいる。図 (b) は Meta Quest 2 上で接眼レンズ越しに観察した格子像で，直交するグリッドがほぼ直線に見えるよう歪曲収差が補正されている。同様に，色ずれの原因である**色収差**も，表示画像の RGB 成分それぞれについて収差を打ち消すようにあらかじめ歪ませることで補正される。

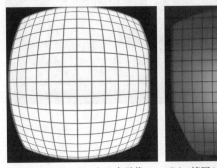

(a) スクリーン上の表示像　　(b) 接眼レンズ越しの観察像

**図 3.6** Meta Quest 2 による表示画像の歪み補正

しかし，歪曲収差，色収差の補正の度合いがいずれも大きすぎると，各画素が本来の矩形から大きく歪んだ形状で表示され，画素の等方性が失われて画質が劣化するため，補正を行う場合でも，可能な限り光学的な収差は小さいほうが望ましい。

また，収差には先述の歪曲収差や色収差以外にもぼけを引き起こす要因となる**球面収差**，**非点収差**，**コマ収差**，**像面湾曲**があり，ぼけはスクリーンの表示画像では補正が困難なため，光学設計においてはこれらの収差の補正も必要である。さらに，これらの収差や歪みは，観察位置がレンズの中心軸からずれると，アイボックス内でのその位置によって変化する場合がある。特に眼球運動に伴って幾何的歪みが変化することを **Pupil Swim** と呼ぶ。**図 3.7** に Pupil Swim の例を示す。図 (a) は Meta Quest 2 の接眼レンズ中心軸上から観察した格子像で（図 3.6 (b) と同一），図 (b) は接眼レンズ中心軸から左方向に約 1 cm ずれた位置から観察した格子像である。中心軸上からの観察では歪みの大部分が補正されている一方で，左方向にずれた位置からでは，樽型の歪みが観察される。Pupil Swim を小さくすることは，観察位置によらずに安定した立体視を得るためにも重要である。

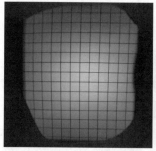 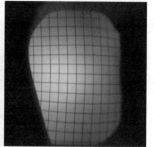

(a) 接眼レンズ中心軸上の観察像　　(b) 中心軸から左方向にずれた位置の観察像

**図 3.7**　Meta Quest 2 で観察した Pupil Swim

光学的に収差を小さくする方法としては，レンズ表面を非球面にする方法や，**アプラナートレンズ**，**アクロマートレンズ**といった収差補正を適用した複数のレンズを用いる方法などがある。例えば Libin らは，単レンズを使用している Oculus Rift DK2 の光学系を改良し，片眼に市販のレンズ 4 枚（2 枚組のアクロマートレンズ ×2）を使用して画質を改善する手法を提案している[3]。**図 3.8** (a) に示すように，もとの単レンズでは顕著な色ずれと，球面収差による周辺部

3.1 屈折型　49

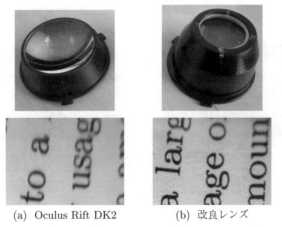

(a) Oculus Rift DK2　　(b) 改良レンズ

**図 3.8** (a) Oculus Rift DK2 のレンズとその観察像，(b) 改良レンズとその観察像[3]

のぼけが発生しているが，図 (b) に示す提案手法による改良レンズでは色ずれ，ぼけともに大きく改善している．その一方で，レンズの厚みは大きく増しており，同じ Oculus Rift DK2 の筐体に組み込む場合はアイレリーフが短くなるという制約がある．

以上のように，単レンズの場合は表面を非球面としても補正には限界があり，複数のレンズを用いる場合は厚みと重量増，厚みによるアイレリーフの縮小，光学系の大型化を招くというトレードオフがある．こうしたレンズの薄型化，軽量化を企図して，レンズの屈折面を同心円状に分割して薄型化を図った**フレネルレンズ**も多くの機種で採用されている．**図 3.9** (a) に Meta Quest 2 の接眼レンズに採用されているフレネルレンズを示す．レンズ中心部から同心円状に分割された縞模様が観察できる．

フレネルレンズは薄型，軽量であることから，複数枚使用することで収差の補正をより良好に行うことも可能になる．その反面，屈折面の段差となるバックカット部では入射光が意図しない反射を引き起こし，これによって生じる**迷光**（ゴッドレイ）が画質劣化の要因となる（図 (b) 参照）．現在市販されている多くの VR 用 HMD では，単レンズ，あるいは 2 枚レンズを組み合わせ，一部の

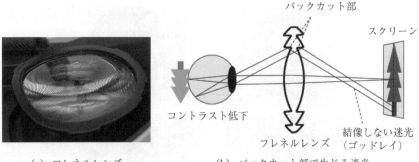

**図 3.9** (a) Meta Quest 2 のフレネルレンズ，(b) バックカット部で生じる迷光の模式図

面にフレネルレンズを用いることで，軽量化，小型化と画質のバランスをとった構成としている。

## 3.2 反射屈折型

**反射屈折型**は，3.1 節の屈折型を光学シースルー化した形式である。ハーフミラーを用いて実視界と表示画像を重畳することで光学シースルーを実現する。ハーフミラーの透過率を変更すると実視界の明るさと表示画像の透過率の比率を調整できるが，光学シースルー型共通の制約として，表示画像を不透過にすることは困難である。

### 3.2.1 平面ハーフミラー型

最も単純な反射屈折型は，**図 3.10** のように屈折型の接眼レンズと観察位置の間に**光学コンバイナ**として 45°傾斜したハーフミラーを配置し，屈折型の光学系の光路を 90°曲げ，正面の実視界を確保して表示画像と重畳する。このハーフミラーは屈折型におけるアイボックスの領域に追加で設置されるため，同等の屈折型と比較して**光路長**が長くなり，光学系が大型化する。さらに，屈折型におけるアイボックスの一部がハーフミラーで占有されるため，この形式で屈

## 3.2 反射屈折型

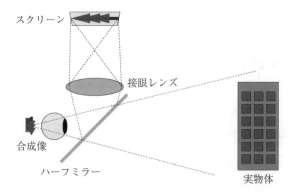

**図 3.10** 平面ハーフミラー型の模式図

折型と同等のアイボックスの大きさを確保する場合は，レンズの有効径 $r$ を拡大するか，視野角 $\theta$ を小さくする必要がある．また，ハーフミラーが設置された方向の視野角 $\theta$ は，ハーフミラーの大きさによっても制限される．しかし，構造的に最も単純であるため，現在でも軍用機パイロット用の HMD などで使用されている[4]．

### 3.2.2 Bird Bath 型

光路が長くなり光学系が大型化する課題を解決するために，接眼レンズを曲面のハーフミラーもしくは全反射ミラーに置き換えて小型化した **Bird Bath 型**が開発されている（**図 3.11** 参照）．

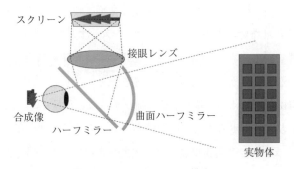

**図 3.11** Bird Bath 型の模式図

Bird Bath 型では，接眼レンズに相当する曲面ミラーとスクリーンの間の光路が折り畳まれており，よりコンパクトな構成が可能である．小型化を志向したGoogle Glassでは，曲面ミラーとハーフミラーを透明な樹脂製の光学素子内に封入することで，小型化と開放的なデザインを両立させている．また，小型のスクリーンを拡大するリレー光学系を追加することで，小型，軽量のグラス形状を維持しながら水平50〜60°程度の広視野角を実現したAR用HMDも開発，発売されている[5]．ただし，この形式においても視野角 $\theta$ はハーフミラーの大きさによって制限され，特に光を反射させる方向（図3.11では上下方向）の視野角は限られる．

### 3.2.3 曲面ミラー型

Bird Bath 型の制約を軽減して，アイボックスを確保しながら視野角 $\theta$ を拡大するために，曲面ハーフミラーを用いた形式が開発されている（**図 3.12** 参照）．曲面ミラー型では，上述の光学コンバイナと接眼レンズの2つの機能を曲面ハーフミラーに集約している．これにより，視点位置と接眼レンズの距離を縮めることができるため，アイボックスの大きさを確保しやすくなる．また，大型の曲面ミラーとスクリーンを使用した場合は，表示画像の広視野角化が比較的容易に実現でき，実際にこの形式を採用した広視野角AR用HMDが，各社で開発，発売されている[6],[7]．

一方で，視野角を確保する場合は，大型の曲面ミラーとスクリーンのために大型化が避けられない．さらに，この曲面ミラーは大きく湾曲しているため，薄型化も困難である．また，曲面ミラーを用いて光を集めるため，原理的に色収差が発生しない利点がある反面，接眼光学系として反射面が1面のみの構成では設計の自由度が低く，収差を十分に補正することが難しい．同様の理由で，Pupil Swim も小さくすることが困難である．このような光学的な性能を改善するために，軍用などの業務用途では，大型化を許容しつつ複数の反射面を持たせた，あるいは屈折光学系と組み合わせたAR用HMDが開発されている[4]．

(a) 曲面ミラー型を使用したMeta 2

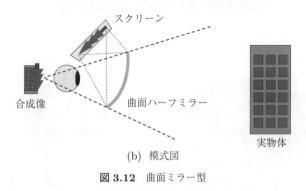

(b) 模式図

図 **3.12** 曲面ミラー型

## 3.3 自由曲面プリズム型

先述の Bird Bath 型において，前後のミラーの両方にパワーを持たせることができれば，表示する視野角を確保しつつ，光学系のさらなる小型化，軽量化が期待できる。また，前後の反射面を一体化したプリズムとして，ハーフミラーによる反射に替えてプリズム内の**内部全反射**（**TIR**, total internal reflection）を用いれば，ハーフミラーによる光の損失を抑えることができる。このように，後方側のミラーにもパワーを与える場合，光束と前後のミラーの関係が軸対称ではなくなり，単純な球面を用いたミラーで結像させることはできなくなる。

そこで，前方，後方のハーフミラーの表面を**自由曲面**とし，計算機による光学シミュレーションを用いて数値的に解析を行い，結像可能な形状を決定する。

こうした自由曲面は，かつては**球面レンズ**の製造，加工と異なり製造の難易度が高かったものの，コンピュータで制御される多軸加工機の登場により成型が可能になった。この多軸加工機を用いて金型を加工し，前面，後面を一体化したプリズムを射出成型で製造することで，大量生産を可能としている。この**自由曲面プリズム型**は，1990 年代に発売されて人気を博したオリンパス社製のEye-Trek を代表として，安価なものからハイエンド製品まで各種の HMD に採用されている[8]（**図 3.13** 参照）。

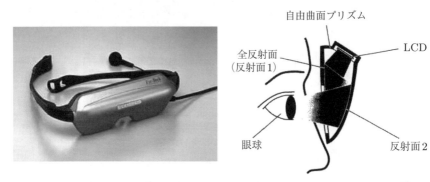

**図 3.13** （左）Eye-Trek[8]，（右）自由曲面プリズムを用いた Eye-Trek の光学系[9]

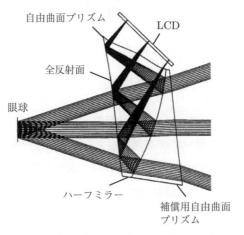

**図 3.14** 自由曲面プリズムに補償用プリズムを追加したシースルー光学系[9]

しかし，視野角を広げる場合は，接眼部となるプリズムを大きくする必要があり，樹脂の塊であるプリズムは**重量増**の原因となる。さらに，光学シースルー構成にする場合は，前面側の反射面をハーフミラーにするだけではなく，透過時の屈折を防ぐために補償用のプリズムを追加する必要があり，これも重量増の原因となる[9]（**図 3.14** 参照）。また，自由曲面プリズム自体に厚みがあるため，薄型化も困難である。

## 3.4　ウェーブガイド型

　反射屈折型や自由曲面プリズム型などの方式では，光路の長さやプリズムの厚みによって薄型化には限界がある。一方で，常時装着型の眼鏡型を目標として，AR 用 HMD に対する薄型化への要求は強くなっており，これを可能にするのが**ウェーブガイド型**である。

　ウェーブガイド型においても，前面と後面の間で光を反射させてスクリーンから観察位置に光を導く点は，先述の自由曲面プリズム型と同様である。ウェーブガイド型では，自由曲面プリズムと異なり，この前面，後面を平面（あるいは後述する全反射条件を満たす緩やかな曲面）かつ平行としている。前面，後面の間で全反射を複数回繰り返すことで，より離れた位置にあるスクリーンから観察位置へ光を導くことができる。ウェーブガイド型は，実視界と表示画像の光を混合するコンバイナによって，いくつかの種類が存在する。

### 3.4.1　曲面ハーフミラーによるコンバイナ

　コンバイナとして曲面ハーフミラーを用いた例として，**図 3.15** にエプソン社製 Moverio を示す。また，**図 3.16** に Moverio における曲面ハーフミラーによるコンバイナの光学系を示す。実視界と表示画像の重畳に用いるコンバイナとして自由曲面形状のハーフミラーを用いており，これをウェーブガイド内に埋め込んでいる。自由曲面プリズムと同様，反射を用いているため色収差が発生せず，画質が良好である一方，斜めの曲面形状を埋め込んでいるため，ウェー

3. ヘッドマウントディスプレイの光学系

図 3.15　Moverio

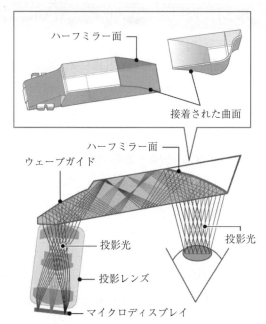

図 3.16　曲面ハーフミラーによるコンバイナの光学系[10]

ブガイドの厚みをそれ以上に薄くすることはできない点は，自由曲面プリズム型と同様に制限となる．

### 3.4.2　HOE/DOE によるコンバイナ

曲面のハーフミラーに代わり，**HOE**（holographic optical element, **ホログラフィック光学素子**），**DOE**（diffractive optical element, **回折光学素子**）と

いった光学素子を用いて，ウェーブガイドをより薄くした構成も開発されている（**図 3.17**，**図 3.18** 参照）。

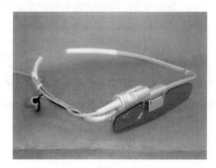

**図 3.17** （左）HOE を用いたホログラフィックシースルーブラウザ，
（右）HOE を用いたソニーの HMD 用光学モジュール

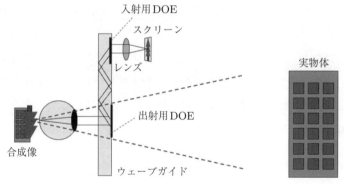

(a) DOE を用いたウェーブガイド型光学系の模式図

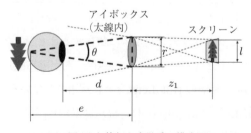

(b) 図(a)と等価な光学系の模式図

**図 3.18** ウェーブガイド型光学系

HOE，DOE はともに素子表面に微小な凹凸を持たせ，これによって生じる回折現象を用いて反射，あるいは透過時に光を曲げる素子である．HOE，DOE は平面の素子を用いた場合でも，先述の曲面ハーフミラーと同様の機能を実現できる．この HOE や DOE を用いて光を曲げることで薄型のウェーブガイドに誘導し，内部全反射を行いながらユーザーの目の前で光を射出させる（図 3.18 (a) 参照）．回折現象には波長依存性があるため，カラー表示，つまり RGB の各波長に対応させる場合は，ウェーブガイドを各波長で多層化させる，あるいは HOE/DOE を複数波長に対応させる必要がある．前者はウェーブガイドを積層するために若干の厚みが生じる課題があり，後者では HOE/DOE の設計，製造の難易度が高くなる課題がある．

なお，このウェーブガイド型においても屈折型と同様に，接眼レンズとスクリーン，観察位置の関係の制約は存在する．そのため，視野角とアイボックスを確保する場合には，レンズの有効径 $r$ とスクリーンサイズ $l$ を大きくする必要がある点は変わらない．図 (b) が，図 (a) のウェーブガイド型と等価な光学系である．小型化のためにレンズの有効径 $r$ やスクリーンサイズ $l$ は小さくなっており，一方で，ウェーブガイド内に光路を折り畳んでいるため $d$ は大きくなる．これをカバーするアイレリーフ $e$ を持つアイボックスを確保しようとしても，小型化や視野角 $\theta$ との両立が難しい．

### 3.4.3　EPE 光学系

スクリーンサイズを小さくしたままアイボックスを大きくすることが難しいという問題に対して，スクリーンサイズに依存することなくアイボックスの大きさを拡大できる **EPE**（exit pupil expander，**射出瞳拡張**）光学系が開発されており，Microsoft 社製の HoloLens などに採用されている（**図 3.19** 参照）．HMD における **射出瞳**（exit pupil）は，視点位置から観察される接眼レンズの開口の像であり，射出瞳内に視点が存在する場合は表示像が欠けたり暗くなることなく観察することができる．つまり，先述のアイボックスの大きさは，射出瞳と密接に関係している．

3.4 ウェーブガイド型 59

**図 3.19** HoloLens

　図 3.18 で示したように，ウェーブガイド型光学系においても，レンズの有効径 $r$ とスクリーンサイズ $l$ が小さい場合は視野角やアイボックスの大きさを確保できないという課題があるが，**図 3.20** (a) に示す EPE 光学系では，ウェーブガイドに入射する光の一部を鏡面反射させ，一部を HOE/DOE を介して屈

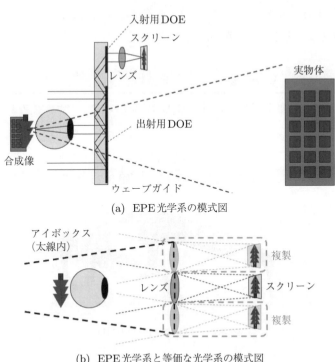

(a) EPE 光学系の模式図

(b) EPE 光学系と等価な光学系の模式図

**図 3.20** EPE 光学系

折させつつ透過させることで，レンズから出射したすべての角度の光を複数回複製する．つまり，図 (b) に示す光学系と等価な複製を行う．図では上下方向のみを示しているが，この複製を上下左右の 2 方向で行い，複製回数を増やすことで，レンズの有効径 $r$ やスクリーンサイズ $l$ に制限されることなく，アイボックスを拡大できる．

EPE 光学系では，レンズ焦点距離 $f$ を小さくしてもアイボックスの大きさを確保できるため，単純なウェーブガイド型よりも視野角を大きくできるが，光をウェーブガイド内で全反射させながら導く必要があるため，視野角はこの全反射条件の制約を受ける．なお，EPE 光学系を採用する場合は，先述のように HOE/DOE の表面で一部の光を鏡面反射させる必要性が加わるため，設計，製造の難易度はさらに高くなる．現在市販されている製品では，製造の困難さがもたらす HOE/DOE のばらつきによって色ムラが観察される場合もあり，曲面ハーフミラーと比較して画質に課題がある．

### 3.4.4 LOE 光学系

3.4.3 項で述べた EPE では，HOE/DOE を用いてアイボックスを拡大しているのに対し，ウェーブガイド内に埋め込んだハーフミラーのみを用いてアイボックスの拡大を実現した **LOE**（lightguide optical element）と呼ばれる光学系が Lumus 社によって開発されている[11]（**図 3.21** 参照）．

図 3.21　LOE を用いた HMD

**図 3.22** に示す LOE 光学系では，ウェーブガイド内を全反射する光が斜めに複数枚埋め込んだハーフミラーを通過して，一部が反射，一部が透過するよう

3.4 ウェーブガイド型    61

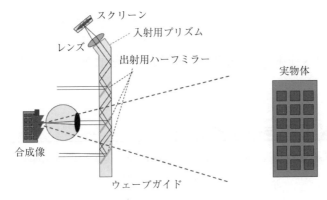

**図 3.22** LOE 光学系の模式図

にすることで，光を複数回複製することができる。この LOE では，非常に設計，製造の難易度が高い HOE/DOE のような光学素子を用いないため，製造上のばらつきが少なく，色ムラが抑えられて画質は良好である。

初期の LOE は，上下左右 2 方向の光を複製できる EPE と異なり，ウェーブガイドによる 1 方向にのみ光を複製してアイボックスを拡大する方式であった。残る 1 方向は，スクリーンのサイズやレンズなどの光学素子に十分な大きさを持たせる，あるいはリレー光学系などを用いて実質的なスクリーンサイズ

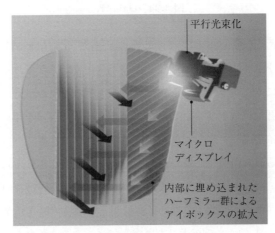

**図 3.23** 上下左右の 2 方向に光を複製する
　　　　　LOE の模式図

を拡大するなどの工夫を必要としていたため，LOE は EPE と比較して光学系全体の小型化がやや困難とされていた．しかし，近年開発された新型の LOE は EPE と同じく上下左右 2 方向に光を複製するように改良されており，EPE 同様の小型化を実現している（図 3.23 参照）．

### 3.4.5 ピンミラーアレイ型

LOE で用いられているハーフミラーに代わって，小型の全反射ミラーを隙間を開けながらアレイ状に並べた**ピンミラーアレイ型**も開発されている[12), 13)]．ピンミラーアレイ型の LetinAR を図 3.24 に示す．

**図 3.24** LetinAR

図 3.25 に示す LetinAR の光学系の模式図では，出射用ピンミラーは観察者の瞳孔径より小さく，配置間隔も瞳孔径より短く設定されており，どの方向を観察した場合にも，ミラーによる表示画像と，その隙間から見える実視界の双方の光線が瞳孔内に入射する．これにより，ハーフミラーを用いる LOE 同様に，実視界上に透過した表示画像を観察することができる．ハーフミラーと異なり透過による減衰が発生しないため，ミラーの配置密度を高めれば表示画像をより高輝度，高コントラストに表示できる．しかし，観察者の瞳孔径は使用環境の明るさによって変化するため，特に明るい環境で瞳孔径が 2 mm 程度にまで縮小する状況（2.1.3 項参照）も考慮してピンミラーの大きさと配置間隔を

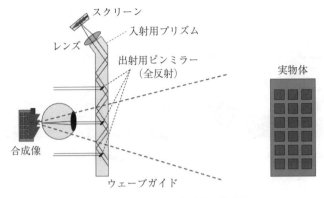

**図 3.25** LetinAR の光学系の模式図

決定する必要があり，これが不十分な場合は，明るさによっては表示画像が途切れて観察される，あるいは輝度ムラが生じる．

## 3.5 網膜投影型

　これまでに紹介した形式は，すべて屈折型を基本として，その光路を曲げた変形例と考えることができる．つまり，小さいスクリーンをレンズやミラーで拡大して観察している点は，いずれの方式も本質的に変わらない．そのため，表示画像には必ずスクリーンの焦点面が存在する．この焦点面は通常観察位置から 1～3 m 程度前方に固定されており，特別な機構がない限り動的に変更することはできない．例えば観察者が近視の場合，裸眼ではこの距離の面には焦点を合わせることができず，表示画像がぼやけて見えてしまう．
　このような近視，遠視，乱視，老眼など，水晶体の調節機能が不十分なユーザーを対象として，QD レーザ社により網膜投影型 HMD「RETISSA」が開発されている[14]（図 3.26 参照）．**網膜投影型 HMD** では，特定のスクリーン面が存在せず，表示画像の生成は，反射方向を電子的に操作できる素子である **MEMS**（micro electro mechanical systems）ミラー（ないし **DMD**, digital micromirror device）と呼ばれる超小型の走査ミラーでレーザ光源の光を 2 次

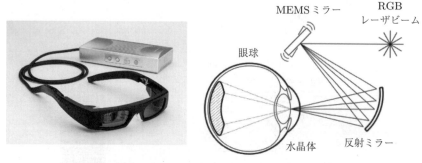

図 3.26 （左）RETISSA，（右）RETISSA の光学系の模式図

元に走査することで行われる．この走査ミラーから出射された光は，反射ミラーを用いて観察者の瞳孔位置で一点に収束し，その光が，観察者の水晶体の屈折力の影響をほぼ受けることなく網膜に到達する．この特徴により，ユーザーは調節機能に影響を受けず，つねにくっきりとした表示画像を観察することができる．このように，物体から出た光を光学系などを通して瞳孔位置で一点に収束させてから網膜上に投影する方式を**マクスウェル視**と呼び，これを実現する光学系を**マクスウェル視光学系**と呼ぶ．

ただし，マクスウェル視光学系では，上記のように網膜上で光を一点に収束させる必要があるため，装着位置がずれたり観察者が上下左右を見回したりして，眼球が理想位置から動いた場合には，視野角内にあるはずの表示画像が消失してしまう．これを防ぐためには，アイトラッキングを用いて常時瞳孔位置を計測し，その変化に応じて照射位置を変更できる光学系が必要になる．

また，瞳孔位置に到達する光が一部でも遮られた場合は，その領域が影になって見えなくなる．特に，投影位置によっては眼球の直前に位置する睫毛が光束の間に入りやすく，その場合は睫毛の影が表示画像にくっきりと見えてしまうという課題がある．

## 3.6 ライトフィールド型

すでに述べたように，屈折型を基本にした光学系では，特別な機構を用いなければスクリーンは特定の焦点面に固定される．しかし，実環境にはあらゆる奥行きに物体が存在しうるため，焦点面は無数に存在し，水晶体の調節の点では正しく実環境を再現することはできない．

両眼視を行う HMD では，左右に異なる画像を表示して視差によって立体視を実現している．特定の物体を見つめる際には，近距離になるほど左右両眼の間に輻輳が生じるが，先述のように焦点面は固定となるため，2.3.2 項で述べた輻輳調節矛盾が生じてしまう．

これを防ぐために，表示画像を 2 次元的なスクリーンにすでに投影された画像ではなく，物体から出射する光線群（ライトフィールド）として出力することで網膜上で結像させる方式が，**ライトフィールド型**の光学系である．

### 3.6.1 インテグラルフォトグラフィ

ライトフィールドを出力できる光学系としては，2 次元スクリーン上に**フライアイレンズ**（ハエの目の複眼のようなレンズ）を重ねた**インテグラルフォトグラフィ**（**IP**, integral photography）がよく知られている[15]．IP では，フライアイレンズを構成する微小なレンズが 1 画素に相当するが，2 次元のスクリーンとは異なり，各出射点を異なる角度から観察した場合に異なる光線を出射することが可能で，これによりライトフィールドの出力を行う．この結果，例えば**図 3.27** に示すように，空中の一点 $A$ に集光するように各 $a$ から光線を出射することで，$A$ に空中像を結ぶことができる．

IP においては，1 レンズ内に含まれるスクリーンのピクセル数が多いほど各レンズ 1 点当りの光線数が増える一方で，レンズの総数，つまり表示される画素数は減少する．また，各レンズの焦点距離が短くなるほどライトフィールドが出射される範囲が広がるが，スクリーンのピクセル数が同じであれば，ライ

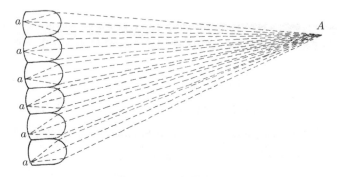

**図 3.27** IP の模式図

トフィールドの角度分解能は低下する．これらの設計パラメータは，表示可能な距離範囲と画質のバランスを考慮して決定される．

Lanman らは，この IP を HMD の光学系に適用した HMD を試作している[16]（**図 3.28** 参照）．この HMD では，画素数 1280×720 の OLED 素子を使用しており，ライトフィールドの出射点数は 146×78，光線数は各出射点で約 9×9 であり，30.6 cm から無限大までの焦点範囲を実現している．また，接眼光学系として使用しているフライアイレンズとスクリーンの組合せは，屈折型における接眼レンズと比較して薄く，副次効果として HMD を薄型化することができる．

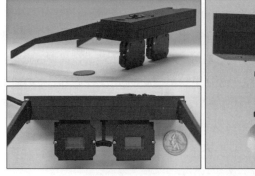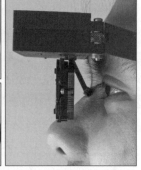

**図 3.28** Lanman らの HMD[16]

### 3.6.2 2枚スクリーンによるライトフィールド光学系

IPでは，スクリーンの画素数を光線の角度方向に振り分けることでライトフィールドを出力しており，本来のスクリーンが持つ数と比較して画素が減少してしまうため，高精細な画像が観察できないという課題がある。

これに対して，Fu-Chungらは，よりシンプルに2枚のスクリーンを使用してライトフィールドを出力するHMDを試作している[17]（図 3.29 参照）。このHMDの光学系では，前方のスクリーンにバックライト付きのLCD，あるいは自発光型のOLEDを使用し，後方のスクリーンに透過型のLCDを使用しており，この両者を透過した各光線でライトフィールドが生成される。

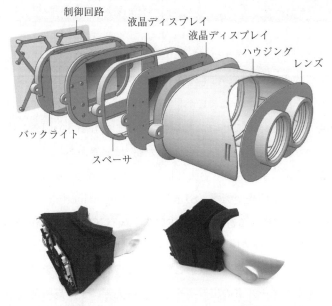

**図 3.29** Fu-Chungらのライトフィールド型HMD[17]。（上）光学系の構成，（下）プロトタイプの様子。

IPと異なり，各光線は光学的に分離されておらず，それぞれの画素は複数の光線間で共有されている。そのため，ある光線と他の光線とで独立した出力が原理的にできず混色を生じるが，前後のスクリーンに出力する画像に対して因子分解法を適用することで，この混色が最小限となるように，ソフトウェア的

に工夫されている．試作HMDでは，画素数1280×800のLCDパネルを2枚使用し，ライトフィールドの出射点数は640×800，光線数は各出射点で5×5と，出射点数に関してはIPと比較して向上している．この構成によって19〜123 cmの間に5層の焦点面を形成できるとしている．

この形式では，ライトフィールドの出射点数をIPより大幅に増やすことができるが，スクリーンをより小型化，あるいはより高解像度化する場合は，**エアリーディスク**（光の回折限界によって生じる同心円状のパターン）よりも小さい画素の格子間隔にはできないという制約がある．

## 3.7 ホログラフィック型

これまで述べてきたライトフィールド型では，スクリーンから出射した光をレンズで屈折させる，あるいはもう1つのスクリーンに透過させることでライトフィールドを出力している．しかし，先述のように，スクリーンの画素数の一部を角度方向に用いることや，光の回折限界よりも小さい画素を使うことができないという制約があるため，高解像度化には限界がある．

より高解像度化の余地がある手法として，各画素の輝度（振幅）や位相を変調できる素子である**空間光変調器**（**SLM**, spatial light modulator）を用いてライトフィールドを生成する**計算機生成ホログラム**（**CGH**, computer generated hologram）が研究されている．ホログラムは，HOEの説明で述べたように回折の原理を用いており，屈折や反射といった幾何光学の制約を受けず，より高分解能でライトフィールドの出射点を与え，各光線により高い角度分解能を持たせることが可能になる．CGHでは，レンズや曲面ミラーと同様の働きをするHOEと異なり，表面の凹凸に代わって**LCoS**（liquid crystal on silicon）などの素子をSLMとして用い，画素単位で輝度や位相を変化させて光の干渉を生じさせることで，ライトフィールドを動的に出力できる．このようなCGHをHMDに用いると，先述のライトフィールド型と比較してより多くの焦点面を再現できるため，自然な奥行きを提示できる．

## 3.7 ホログラフィック型

Maimone らは，この SLM を用いて，視野角 80°でライトフィールドを出力できる AR 用 HMD のプロトタイプを開発している[18]（**図 3.30** 参照）。図 (a) はフルカラー表示の例，図 (b) は場所ごとに異なる虚像距離を持つ映像を提示する例，図 (c) は眼鏡型試作システムの外観，図 (d) は AR 表示の例を示している。CGH を用いる場合，ライトフィールドを出力するために SLM 上に表示する波面の計算負荷が高く，リアルタイム処理が難しいことが課題として知られている。この HMD では，表示領域の奥行きを離散的に区分して，区分単位ごとに GPU によるフーリエ変換を用いた高速演算を行い，結果を重ね合わせることで，リアルタイムでのライトフィールド出力を実現している。

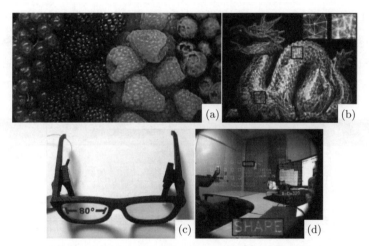

**図 3.30** Maimone らの AR 用 HMD プロトタイプ[18]

なお，視野角を広げるために接眼光学系にレンズもしくは HOE を用いているが，これによる収差が視界内で不均一に発生する場合，上記のフーリエ変換を用いた高速演算が適用できないという課題がある。この HMD では，アイトラッキングを併用し，視線の先の中心窩が観察している方向の収差パラメータを用いて，均一な収差補正を適用するアプローチを提案している。この手法では，中心窩から外れた領域では補正の誤差が生じて画像がぼけるものの，比較的視力が低くなる周辺視野でのぼけであるため，ユーザーが意識することはない。

また，複数の焦点面を持つスクリーンに相当するライトフィールドを出力しているものの，接眼レンズを用いて（複数の）スクリーン面を拡大している点は屈折型と変わらず，同様にアイボックスと視野角の制約は存在する。プロトタイプのAR用HMDにおいては，視野角については80°を達成している一方で，スクリーンとなるSLMが小さいため，アイボックスがきわめて小さく，目を正面からそらすと，表示画像が視野から消失してしまう。この課題に対しては，アイトラッキングに加えて，動く瞳孔位置に光を入射するように駆動するビームステアリング機構を接眼光学系に加える手法が提案されている。

そのほかにも，実用的なライトフィールドが表現できる被写界深度[†]と視野角の両立，ホログラムの高次回折光による画質劣化など，ホログラフィック型HMDは解決するべき課題が多く，製品化に向けていまだ発展途上にある。近年はSLMの高画素化，小型化が著しく，これによる上記課題の解決も見込めることから，次世代のHMD光学系として開発が進められている。

## 3.8 ピンライト型

レンズやHOEを持つ反射屈折型の接眼光学系に基づくAR用HMDは，先述のように，アイボックスを確保しながら広視野角化すると大型化し，反射ミラーによる厚みも大きくなる傾向にある。これに対して，Maimoneらは屈折や反射を伴わない光学系を採用することで抜本的な薄型化，軽量化を実現する，**ピンライトディスプレイ**を開発している[19]（**図3.31**参照）。

ピンライト光学系では，薄型の導光板上に微小な穴を開けた点群が並んでおり，導光板の横に設置した光源からの光は，この点群上で拡散してアレイ状の点光源（ピンライト）となり，一部が瞳孔に入射する（図(a)）。各ピンライトと瞳孔の間にはSLM（空間光変調器）として透過型液晶が設置されており，ピンライトからの出射光を点光源として網膜上に液晶の画像が表示される（図(c)）。単一のピンライトで観察できる画像はごく狭い視野になるが，ピンライトをア

---
[†] ピントが合っているように見える奥行きの範囲。

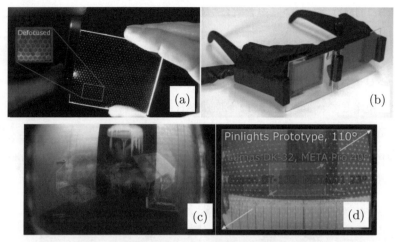

**図 3.31** Maimone らのピンライトディスプレイ[19]

レイ状に並べることで，光を屈折させるレンズやミラーを用いずに，液晶の大きさが許す最大限の広視野なディスプレイ（図 (d)）を，比較的小さなフォームファクタで（図 (b)）構成することが可能になる．なお，液晶はカラーフィルタがないモノクロ方式であるが，導光板に入射させる光を赤，青，緑の 3 色に時分割することでカラー表示も実現している．ただし，上記のように狭い領域の画像をタイル状に並べることで高視野角を実現しているため，タイル同士がオーバーラップする領域で輝度にムラが生じるという課題がある．タイルを構成する各領域の大きさは，ピンライトの大きさや距離だけではなく，瞳孔径と水晶体の調節によって動的に変化するため，この輝度ムラを解決するためには，瞳孔径と調節をリアルタイムに取得できるアイトラッキングが必要となる．

## 3.9 頭部搭載型プロジェクタ

上記のいずれにも属さない AR 向けの方式として，**頭部搭載型プロジェクタ**がある．この方式では，頭部に搭載したプロジェクタからユーザーの視野内にある実環境の領域に画像を投影する．投影領域にスクリーンとして実物体が必要

であり，HMD 単体で表示が完結しない点が，他の光学系と大きく異なる．十分な輝度，コントラストで投影すると，第三者の視点からも投影画像が観察できる．そのため，Hartmann らは AR 用 HMD を使用しているユーザーが，現在何を見ているかを外部に伝えるための補助的なディスプレイとして応用する手法を提案している[20]（**図3.32** 参照）．AR 用 HMD の上部に小型プロジェクタを搭載し（図 (a)），プロジェクタによって HMD と異なる映像を提示したり（図 (b)），それを他者と共有したり（図 (c)），公開情報とプライベート情報を2種類のディスプレイで使い分けたりすることができる（図 (d)）．

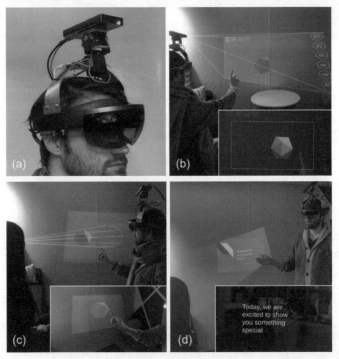

**図 3.32** Hartmann らの頭部搭載型プロジェクタ[20]

さらに，実環境に配置された**再帰性反射スクリーン**に画像を投影することで，本格的な AR 環境を実現する再帰性投影方式も開発されている[21), 22]．再帰性反射スクリーンは，入射した方向に光を強く反射する指向性を持つという特性

がある。ハーフミラーなどを介して，ユーザーの視点位置と共役な位置からプロジェクタで画像を投影することで，比較的低輝度なプロジェクタでも，高い輝度を持った投影画像の観察が行える。この場合，再帰性反射スクリーン上のみで高い輝度とコントラストを持つ投影画像が観察される一方で，人体など他の領域では観察できないレベルの低輝度となるため，この特性を利用して，実物体と投影されるバーチャルな物体間での自然なオクルージョン表現を実現できる（図3.33 参照）。

 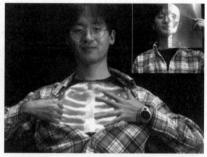

**図 3.33** Inami らによる頭部搭載型プロジェクタ[21]。（左）頭部搭載型プロジェクタの外観。再帰性反射スクリーンと併用して使用する。（右）ユーザー視点の例。再帰性反射スクリーンにのみ映像が見え，それを手で隠すことができている。

このようなオクルージョン表現を活用し，テーブル上に再帰性反射スクリーンを置いて AR テーブルゲームに使用できる AR 用 HMD も市販されている[23]。

Virtual Reality Library

# 第4章 ヘッドマウントディスプレイの最新研究事例

ヘッドマウントディスプレイ

1章および3章において，HMDの歴史・分類と光学系に関して扱ってきた．本章ではHMDの活用において重要な課題を取り上げ，それぞれの課題に関連する研究事例について述べる．ここで扱う課題は光学性能の話題が中心である．マルチモーダルなHMDに関しては，6章を参照されたい．

スマートフォンのように万人が日常的に活用するものがデバイスの理想だとすれば，HMD，ARグラスは，眼鏡と同様の手軽さで装着でき，常用できるものであることが望ましい．しかし，これまで見てきたように，HMD発展の歴史は性能向上と小型軽量化のトレードオフとの戦いであるといえる．HMDの映像性能を向上させるありとあらゆる要素は，本体を大きく重くし，眼鏡のような軽快な装着性を損なう．

例えば，映像性能を向上するために内蔵GPUを高性能にすれば，電力消費が増加し，バッテリーは大型化する．トラッキング性能を向上するためにセンサを増設する，表示映像の輝度を増やすために内蔵ディスプレイの光源出力を増やす，といったことも，消費電力を増やす．映像の視野角を広げるためにはより複雑な光学系が必要になり，それらはたいていの場合部品数の増加をもたらす．

さらには，こうしたトレードオフを語る以前の話として，HMDのさまざまな性能はまだ十分に成熟しきっていない．本章では，こうしたHMDの各性能指標を取り上げつつ，関連する研究事例を紹介していく．本章の内容については，伊藤らの文献 1) も参照されたい．

VR向けHMDやウェアラブル用途のHMDとは異なり，AR向けのHMD，

特に光学シースルー HMD（OST-HMD, optical see-through HMD）は，ユーザーが見る実環境の視界にバーチャルの映像を重畳表示する．この際，バーチャルの映像は実環境に違和感なく統合されるように，位置や向き，明るさや陰影などの調整がなされることが多い．この要件により，AR 向けの HMD にはさまざまな固有の課題が生まれる．これらの課題を解決していくことで，究極的には，バーチャル映像が実環境と区別がつかなくなるような体験を生み出すことが期待される．

## 4.1 位置合わせ

AR では，実環境にバーチャルな物体を統合する必要がある．この問題は座標系の変換問題，すなわち「実環境と HMD」の相対座標系と「目（視界）と HMD」の相対座標系を計測する問題に帰結する．この問題は**空間校正**（spatial calibration）と呼ばれる[2]．

「実環境と HMD」の位置合わせ，つまり HMD の位置姿勢の 6 自由度（6DoF, 6 degrees of freedom）と実環境の位置姿勢の 6 自由度の対応関係を計算すること（**図 4.1** (a) 参照）は確立された問題であり，**アウトサイドイン**（outside-in）や**インサイドアウト**（inside-out）トラッキング技術が用いられる．アウトサイドインのトラッキングは，商用の多くのモーションキャプチャシステムに採用されている計測システムである．一般的には，1 台または複数台のカメラを計測対象に向けて設置し，三角測量ベースのトラッキングを行う．インサイドアウトのトラッキングは，HMD に内蔵されたカメラで AR マーカを追跡する手法がよく用いられていたが[3,4]，近年ではモバイル機器の計算性能やコンピュータビジョン技術の発展，カメラの小型化，深度カメラの普及に伴い，自然特徴を記録し，追跡する手法（例えば **SLAM**, simultaneous localization and mapping[5,6]）が主流になってきた．しかし，実環境と HMD などの AR ディスプレイの相対座標をトラッキングする問題は，OST-HMD に特有のものではなく，ほぼすべての AR 技術に共通する[7,8]．

# 4. ヘッドマウントディスプレイの最新研究事例

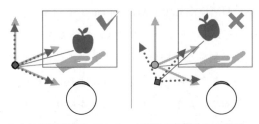

(a) 現実世界とバーチャル世界の位置合わせ問題
 （6DoF-6DoF）

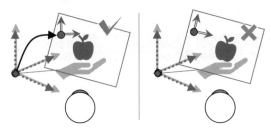

(b) 目とディスプレイ映像の位置合わせ問題
 （3D-2D）

**図 4.1** OST-HMD における 2 種類の空間位置合わせ問題

したがって，ここでは「目と OST-HMD」との空間的な関係（図 (b) 参照）という，OST-HMD に特有の課題に焦点を当てる。より具体的には，OST-HMD が生成するバーチャル映像が視界に映るときの画像幾何的な変換をモデル化する。これはつまり，視界のある 3 次元点が映像上のどの画素と重なるか，という対応付け（3 次元 - 2 次元の対応付け）を考えることにほかならない。

最も基本的なモデル化は，両眼の**瞳孔間距離**（**IPD**, interpupillary distance）のみを考慮してステレオ映像の左右の映像の相対位置を調整することである。ただし，これは VR 向け HMD やビデオシースルー HMD（VST-HMD）を用いたときに正しい立体視を行うためには重要であるが，OST-HMD において正しく AR 映像を視界に投影するには不十分である。

Grubert らによる**キャリブレーション**手法の調査論文では，ディスプレイと視点位置がなすバーチャルなカメラの光学モデルを 3 つの方式（手動方式，半

自動方式，自動方式）に分けて紹介している[2]。

この光学モデルには，図 4.2 に示す非同軸（off-axis）ピンホールカメラモデルが用いられている。

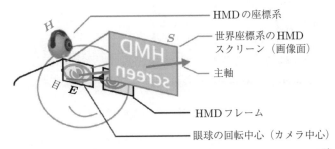

図 4.2 目と HMD の相対座標系（非同軸ピンホールカメラモデル）[2]

このモデルは，眼球の回転中心 $E$ をカメラ中心とし，OST-HMD 座標系を $H$，OST-HMD 上のバーチャル映像を画像面 $S$ としたもので，カメラモデルとして HMD 映像と目の相対座標系を扱っている。一般のカメラと異なり，このモデルではカメラ中心と映像面の中心がずれているため，非同軸と呼ばれる。ちなみに，市販のプロジェクタも非同軸であることが多い。この仮定のもとでは，キャリブレーションの問題[†]は，3 次元から 2 次元への**投影行列**（3×4 の斉次座標行列 $^H_E P$）を推定することと等価に扱える。ユーザーの視野における 3 次元物理点と，その点と対応する 2 次元画像点のペアを集めることで，投影行列が計算できることになる。しかし，こうした OST-HMD の視点キャリブレーションの難しさは，このデータ収集にある。なぜなら，コンピュータビジョンにおけるカメラのキャリブレーション問題と異なり，視界の映像を撮るために眼球とまったく同一の位置にカメラを埋め込むわけにはいかないからである。前述の文献 2) では，このデータ収集の本質的な困難さを踏まえ，既存研究を紹介している。

手動方式では，データ収集のためにユーザーの入力を必要とする（図 4.3 参照）。最も古典的かつ実用的な方法はシングルポイントアクティブアライメン

---

[†] 焦点距離や光軸の位置など，投影幾何の内部パラメータを求める問題。

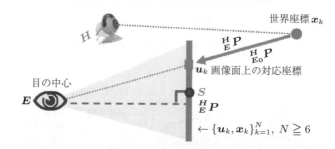

**図 4.3** OST-HMD の空間校正のモデル化（手動方式）[2]

ト法（SPAAM[9]）で，ユーザは何らかの方法でトラッキングされた3次元点（フィデューシャル（fiducial）マーカと呼ばれる，基準点となる物体など）にディスプレイ上に表示される2次元の十字線を合わせ，キー入力などの何らかの方法で記録を行う（**図 4.4** 参照）。この手順を6回繰り返し，世界座標 $x_k$ と画像面上の対応点 $u_k$ の3次元‐2次元の対応関係を6組とると，12個の連立方程式が得られる。この連立方程式から，**DLT**（direct-linear transform）法によって投影行列が得られる。実用上，推定精度を高めるためにより多くのペアを集めることと，外れ値に対応するために **RANSAC**（random sample consensus）法[†]を用いることが一般的である。

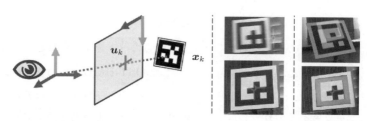

**図 4.4** シングルポイントアクティブアライメント法（SPAAM）[9]

手動方式とは対照的に，半自動方式では，投影行列を眼球位置に依存する部分としない部分に分離することで，個々のユーザが体験する際のキャリブレーション（オンラインキャリブレーション）に必要なパラメータの数を減らす。

---

[†] 外れ値を含むデータからランダムに一部のデータを抽出し，外れ値の影響を受けずにモデルのパラメータを安定して推定する手法。

Owen は，OST-HMD のキャリブレーションをディスプレイ部と眼球部に明示的に分離し，ディスプレイ部はユーザーを介さないオフラインキャリブレーションを行い，眼球部についてのみユーザーによるオンラインキャリブレーションを行うことを提案している[10]。

自動方式として，伊藤らは眼球の 3 次元位置計測を組み込んだ Interaction-Free Display Calibration (INDICA) を提案している[11]。この手法でも，キャリブレーションをディスプレイ部と眼球部に分けているが，ディスプレイ部が一度だけ必要なオフライン作業であり，現在の眼球位置は画像処理による眼球位置計測結果を用いるオンライン作業になっている。具体的には 2 種類の方式が提案されており，同等の性能が得られることが示されている。recycled setup（パラメータを部分的に再利用する方式）では，アイトラッキングカメラ $T$ で

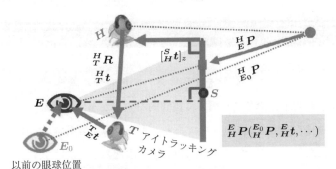

(a) 自動方式：recycled setup

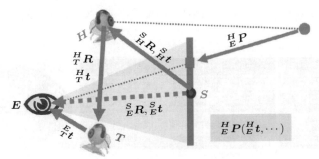

(b) 自動方式：full setup

図 4.5　OST-HMD の空間校正のモデル化（自動方式）[2], [11]

求めた眼球位置 $E$ に加えて以前の眼球位置 $E_0$ や投影行列 ${}^H_{E_0}P$ を再利用することで，HMD 座標系におけるスクリーンの位置姿勢の情報に依存せずに投影行列 ${}^H_E P$ を更新する（図 4.5 (a) 参照）。また，full setup（パラメータを完全に推定する方式）では，HMD 座標系におけるスクリーンの位置 ${}^S_H t$ および姿勢 ${}^S_H R$ が得られていることを前提に，眼球位置 $E$ のみから投影行列 ${}^H_E P$ を更新する（図 (b) 参照）。

手動方式や半自動方式と異なり，自動方式では人を介した入力が不要であるため，人間が計測ループの中にいることで生じるエラーを未然に防ぐことができる。より重要な点として，自動方式ではユーザーが OST-HMD を装着するたびにキャリブレーションをやり直す必要がなくなる。自動方式は OST-HMD の日常的な使用を可能にするには必須の方法といえる。

## 4.2 光学的歪み

現実と区別がつかない体験を実現するための重要な障害として，ディスプレイや光学系の不完全さに起因する視覚的な歪みが挙げられる。これは OST-HMD の研究では見過ごされがちである。カメラの光学系のように，直線がゆがんで見えたり，他の光学的影響（色収差や画像のピンぼけなど）が発生したりする。OST-HMD のユーザーに表示される画像にも，同様の影響が発生する（図 4.6 (a) 参照）。また，画像上の位置によって歪み方が異なる（図 (b) 参照）。

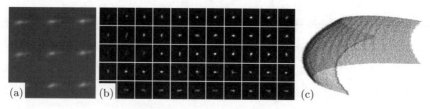

図 4.6　OST-HMD の画像面（光学的には，実際は曲面に分布しているように見える）

ほとんどすべての歪みは視点位置に大きく依存する。しかし，画像平面（画像センサ）がレンズに対して相対的に固定されているカメラとは異なり，ユーザーの目は OST-HMD で与えられたアイボックスの中でさまざまな位置に動くことが想定される。そのため，原理的にはあらゆる視点位置での幾何学的な歪みを測定・補正する必要がある。また，HMD には視界に映像を導くためのさまざまな光学素子が使用されており，画像が表示される画像平面は実際には平面ではなく，曲面であることが知られている[10),12)]（図 (c) 参照）。これらの問題を解決する研究として，カメラの歪みを補正する場合と同様の手法で，光学的な歪みを補正する手法がある[12)]。つまり，歪みをパラメトリックにモデル化して画素単位の補正をするために，ユーザーの視点位置に配置したカメラ（ユーザー視点カメラ）によって歪みの事前計測を行う。

ただし，こうした手法を適用するには，ユーザーが HMD を使用する際に眼球位置を追跡する必要があることには注意が必要である。前節の半自動方式の空間校正手法では，ユーザー視点カメラで数点の計測を行って表示パラメータを算出し，その後，最初のステップで得られた表示パラメータを考慮して，ユーザーの目の位置に合わせてシステムをキャリブレーションするという 2 ステップのアプローチが提案されていた[10)]。伊藤らは，OST-HMD における視点依存性の幾何的歪みやぼけの量を測定して補正手法について検討し，市販の OST-HMD における色収差や方向性のあるぼけの量が無視できないほど大きく，視点依存性も強いことを報告している[13),14)]。彼らの手法では，視点依存性をモデル化するために，収差を方向とぼけ分布に分解してモデル化する。このモデルでは，収差の情報を**点拡がり関数**（**PSF**, **point spread function**）[†]を持つ**光線場**（**ライトフィールド**）として格納し，少数の計測位置の情報を用いて計測していない視点位置の収差を推定できるようにする。また，視野角が広い HMD など，光学的歪みの非線形性が高いディスプレイに対して，深層学習による補正手法も提案されている[15)]。

一方で，少数の計測でディスプレイ特性を近似するのではなく，すべての画像点

---

[†] 光学系の点光源に対する応答を表す関数。

を個別にキャリブレーションする研究事例も存在する[12]。例えば，Langlotzらは，世界カメラからディスプレイへの画素単位のマッピングを用いて，OST-HMDの光学的歪みを補正している[16]。

## 4.3 時間的整合性

前節では，実環境と映像の空間的な整合性のみに言及した。実際にARシステムを用いる際，HMDをつけたユーザーは，頭部を動かしたり周囲を動き回ることが想定される。ARでは，ユーザーが移動すると即座に**時間的整合性**の問題が発生する。すなわち，映像の更新がユーザーの移動に追い付かず，古い映像が視界の動きに遅れてついてくるように見える。そのような問題がない，時間的に一貫した映像提示を行うために特に重要となるのは，画像の更新レートとその他の遅延（システムの遅延や表示の遅延など）の問題である。

HMDの遅延（**レイテンシ，latency**）低減は，没入型のVR用HMDでは深く検討されている。特にVRにおける遅延は，乗り物酔いに似たVR酔いの原因となるため，頻繁に研究されている。例えば，Cobbらはトラッキングの不正確さに加えて，システム全体の遅延がVR酔いの原因であることを指摘している[17]。

システム全体の遅延には，(1) トラッキングシステムの遅延（物理的な位置姿勢が変化してからシステムで計測されるまでの時間），(2) アプリケーションの遅延（アプリケーション特有のさまざまな処理の実行時間），(3) 画像生成の遅延（新しい画像を生成するのにかかる時間），(4) ディスプレイの遅延（HMDに画像を表示するのにかかる時間）が含まれるのが一般的である[18]。(1)～(4) を足し合わせた総合的な遅延を **Motion-to-Photon** の遅延と呼ぶこともある[19]。

没入型VRシステムの知覚可能な最小の遅延量を調査したいくつかの文献では，最も敏感なユーザーにも気づかれないようにするためには，没入型VR用HMDの待ち時間を約5 ms以下に抑える必要があることが示唆されている[20]。

これらの知見は，視覚における知覚可能な遅延に関する知見とも一致している[21]）。

しかし，シースルー型の AR システムでは，ユーザーの動きに応じて，遅延の要求がさらに厳しくなる．VR システムでは遅延はおもに VR 酔いにだけ影響する．しかし，AR における遅延は，バーチャル環境と物理環境（実環境）の間の位置ずれである**レジストレーションエラー**の原因にもなり，視覚的な不整合を引き起こす[22),23]．Azuma らは，動きが発生したときのシステム遅延による目に見えるレジストレーションエラーを，動的誤差に分類している[24]．没入型の VR 用 HMD と同様に，遅延は AR システムのさまざまなコンポーネント（トラッキング，アプリケーションの処理時間，レンダリング，ディスプレイなど）によって引き起こされるため，トラッキングの遅延を減らすことで全体の遅延を低減できる．

見かけ上のトラッキング遅延を減らす工夫として，木島らは HMD に提示するよりも大きい映像を描画しておき，HMD に出力する直前に，磁気式センサから逐次取得できる直近の頭部姿勢を再度計測して，適切な範囲の映像を切り出す手法を提案している[25]（**図 4.7** 参照）．また，レンダリング遅延を減らす工夫として，**中心窩レンダリング**（foveated rendering）は，ユーザーが現

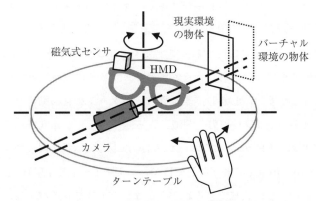

**図 4.7** 見かけ上のトラッキング遅延を減らす手法[25]．文献の手法を模式図化したもの．ターンテーブル上に HMD とカメラ，磁気式センサが載せられている．センサで収集した回転情報によって映像のビューポートが逐次更新される．

在注視している画像領域を優先的にレンダリングすることにより，知覚される映像の精細度を下げることなく全体的なレンダリングにかかる計算コストを下げることができる．これについては，4.8 節において OST-HMD のディスプレイの解像度について述べる際に，さらに詳しく説明する．

　Buker らは，単眼の OST-HMD を用いて，遅延を低減することで VR 酔いが軽減されることを示し，VR における先行研究と同様の結果を得ている[26]．彼らのシステムでは，測定されたシステム遅延を用いて，レンダリングされた映像を HMD に出力する直前で補正することで，見かけ上の遅延を低減している．また，ゲーム開発者として知られる Carmack は，VR システムにおける遅延低減のため，レンダリング中に動きを予測し，それをレンダリング後半に適用する**タイムワーピング**手法を紹介している[27]．これは AR や OST-HMD にも容易に適用できるプログラマブルな手法であり，例えば伊藤らはタイムワーピング手法を備えた市販の VR 用 HMD（Oculus Rift）を OST-HMD に改造した[28]．また，Carmack はシーケンシャルなディスプレイ（走査線タイプのディスプレイ）においては，レンダリングのための変換行列をより頻繁に，逐次的に更新することで，より高精度なワーピングが可能であると言及している．これらは，過去の走査線タイプのディスプレイだけではなく，現代のカラーシーケンシャルディスプレイや，レーザスキャンタイプのディスプレイにも適用できるかもしれない．

　ディスプレイそのものに関する遅延と個々の画素値の更新に関する遅延は，システム遅延の重要な要因となりうる．ディスプレイの更新周波数は 90 Hz が推奨されることが多い．しかし，表示されるパターンや目の動きなどの条件によっては，90 Hz でも**フリッカ**（明滅によるちらつき）が知覚されることがある[29]．そのため，VR ディスプレイは 90 Hz 以上の表示更新周波数を目指す傾向にあり，Valve Index のような HMD では，実験モードで 144 Hz まで対応する．フリッカがさらに低減できるかどうかは，ディスプレイパネルにも依存する．例えば，ディスプレイパネルによって，画素値を更新する際に必ずオフやニュートラルの状態を経る必要がある場合もあれば，直接画素値を更新できる

## 4.3 時間的整合性

場合もある[27]。

また，OST-HMD における遅延，特に表示遅延の問題についても研究が行われている．Zheng らは，表示遅延の低減に注力した[30]．彼らのアイデアは，DLP プロジェクタに用いられる **DMD**（digital micromirror device，3.5 節参照）画像処理チップを用い，$50\,\mu s$ の更新レートで個々の画素を高速に，直接制御（ON/OFF のみ）することにある．プロジェクタは通常の 256 階調の画像を表示する代わりに，DMD が 2 値状態を変更できる最短速度で新しい 2 値パターンを投影する．表示される 2 値パターンは，最新のトラッキングデータを参照し，ユーザーが知覚する画像と望ましい画像との差を減少させるように更新される．結果として，一連の映像刺激は，「望ましい画像」と「現在の状態」（統合までの最後の数十フレームを用いて計算された現在の状態）の間の誤差を減少させたものになる．このように，計算に用いる複数のフレームを時間的にずらしていくことを，論文ではスライドウィンドウ方式と呼んでいる．ただし，試作されたシステムでは，表示できるのはグレースケールのみで，事前に計算されたデータを使用し，特に低遅延のトラッカを用いている．残念ながら，スライドウィンドウ方式では，顕著なフリッカが発生することもある．

Lincoln らは後に，表示遅延がほぼ無視できる機械式のトラッカを用いた頭部追跡環境を構築し，フリッカを回避する 2 値画像列の新しいコーディングスキームを提案している[23]（図 4.8 参照）．この論文において著者らは「望ましい画像」と「現在の状態」の差に基づいて 2 値パターンを計算する代わりに，望ましいグレー値に基づいて確率的に現在の 2 値出力を選択する統計モデルを提案している．この方法を用いると，50% のグレーを表示する場合，プロジェクタは 0 と 1 を 64 フレームに均等に分配し，表示画像はグレースケールであるにもかかわらず，知覚的なちらつきを低減することができる．また，著者らはこのアイデアを拡張し，低遅延を維持しながら**ハイダイナミックレンジ**（**HDR**, high dynamic range）画像をサポートするシステムも提案している[31]．

## 4. ヘッドマウントディスプレイの最新研究事例

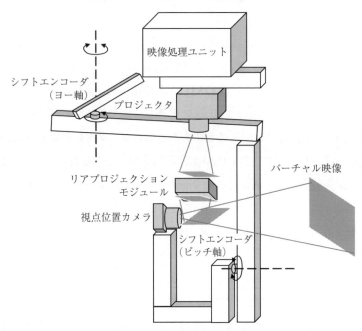

**図 4.8** 表示遅延をほぼ無視できる低遅延表示システムの模式図[23]。シフトエンコーダによる回転遅延情報は映像処理ユニットに直接反映される。

本節では，時間的整合性のある視覚体験を実現するために，遅延の低減が課題となることを述べた．しかし，特に Motion-to-Photon の遅延を 5 ms 以下に抑えるという全体的な要件は，研究用のプロトタイプでしか実証されていない．残念ながら，これらのプロトタイプを小型化することは難しく，ほぼ遅延のない機械式トラッカの実用性にも疑問が残る．更新周波数が十分に高いディスプレイも普及していない．CPU や GPU の一般的な高速化や，中心窩レンダリングなどの技術により，トラッキングやレンダリングの速度向上が期待できるが，遅延の問題を完全に解決するためには多くの技術的課題が残っている．

## 4.4 色再現性

色はリアリティの高い映像を実現するための要である．例として，テーブルの上に2つの赤いリンゴが置かれている状況を考える．1つは実際に存在するリンゴで，もう1つはOST-HMDを通して見たバーチャルなリンゴである．理想的には，視覚的な比較によって両者を区別できないことが望ましく，そのためにはバーチャルな赤いリンゴが本物のリンゴと同じ色と外観を持ち，視覚的一貫性を保つことが期待される．VST-HMDの場合，現実とバーチャルの映像は，画像の中で合成される．レンダリングの段階で，実環境のシーンを撮影したカメラの特性を模倣することで，視覚的一貫性を得られる[32]．プロジェクタを用いた投影型ARでは，この統合はより難しく，投影対象の実環境の背景色や色応答を考慮して，慎重に放射光のキャリブレーションを行う必要がある[33]~[36]．

OST-HMDを使用する場合，バーチャル映像の視覚的な見え，特に色に影響するいくつかの見えの要因を考慮しなければならない．要因の1つは，使用するディスプレイの色応答性である．ディスプレイに特定の色を表示する際，われわれはその色が忠実に再現されるものと期待するが，実際には色ムラや入力に対する応答の非線形性が存在する．例として，図4.9 (a) はEPSON Moverio BT-100に均一な白色画像を表示させた例であり，輝度にムラがあることがわかる．後述するような補正を行うことで，図(b)のように画像の均一性をある程度改善することができる[16]．同様に，図(c), (d) はHoloLens 1に均一な青や赤の画像を表示させた例であり，輝度ムラは色によっても異なることがわか

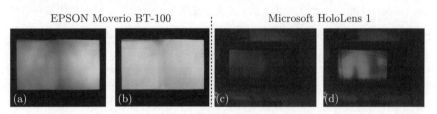

図 4.9　異なる OST-HMD での色再現性の例（画像提供：Langlotz 氏）

る．これらは表示できる色の範囲（フルRGBなど）に起因する場合もあるが，実際のディスプレイ（発光素子やカラーフィルタ）だけではなく，OST-HMDの場合，ディスプレイの一部である光学系にも起因することが多い．

例えば，OST-HMDでは，ハーフミラーやプリズムなどの光学コンバイナを用いて現実とバーチャルの映像を融合させるため，ユーザーが目にする色はつねにこの影響を受ける．したがって，光学コンバイナは正しい色の再現性に影響を与え，結果として視覚的な一貫性に影響を与える．また，一般にOST-HMDに内蔵されるような小型のディスプレイでは，電力消費量や素子が発する光量の限界から，実環境に匹敵するようなダイナミックレンジの広い輝度値を表現することができない．なお，Meta社は2022年に20 000 nits（$cd/m^2$）の高輝度ディスプレイを備えたStarburst displayと呼ばれるHMDを試作している．以下では，これらの具体的な問題をより詳細に説明し，解決策について議論する．

### 4.4.1 ディスプレイ色再現

OST-HMDに限らず，多くのディスプレイに共通しているのは，色再現が正確でないことである．ある色をディスプレイに入力すると，表示される色は意図した色と完全には一致しない．伊藤らは，HMDにおいて，背景を無視した場合（例えば背景を黒一色にした場合）でも，バーチャル物体の色が実環境と一致しないことを実証している[37]．彼らは，この不一致のおもな理由として，(1) OST-HMDの不完全な光学媒体による光吸収，(2) 損失が大きいディジタル-アナログ色変換の2つを挙げている．

Sridharanらは，OST-HMDの色再現性を高めるために，対照表（LUT, look-up table）を用いたカラープロファイルを提案している[38]．彼らは伊藤らの研究に加え，複数の背景色に対応したプロファイルを作成する方法を提案し，これにより，OST-HMDで知覚される色が改善されることを示している．しかし，彼らのアプローチは通常，一様な背景を仮定しており，システムの背景に関する知識は考慮しておらず，複雑な背景を補正することはできない．同様に，伊藤らは，知覚される色を改善し，一貫性の高い視覚体験を実現するために，標

準スクリーン上でのディスプレイのカラーキャリブレーションのように，一貫性の高いカラーディスプレイプロファイルを計算するセミパラメトリックな手法を提案している[39]。**図 4.10** は，不正確な色再現の例とこの手法による色補正の例である。図 (a) は原画像であり，これを色補正をせずに HMD に提示すると，図 (b) のように色がくすんで観察される。色補正を行うことで，図 (c) のように色再現性が向上して観察されることがわかる。ただし，これらの研究は，ディスプレイの色特性のみを取り扱っており，シースルーディスプレイによる背景との色混合は考慮しておらず，黒または均一な色の背景を想定している。

(a) 原画像　　　　　(b) 劣化した表示映像　　　(c) 補正後の表示映像

**図 4.10**　不正確な色再現と色補正の例[39]。コントラストの差異に注目されたい。

### 4.4.2　色　混　合

　OST-HMD は，実環境とバーチャル世界の光を混合するために，光学コンバイナが必須である。表示画像（例えば，バーチャル物体）は使用する光学コンバイナの特性に応じて色味が変化しうるため，ユーザーは周囲の背景や環境光の状態によって，視覚的なアーチファクトを知覚しうる。また，標準的な OST-HMD では，実環境を暗くすることができないため，日中の屋外では輝度が不足し，そもそも画像が視認しづらくなる。市販の HMD の多くは，シェードを追加して背景の明るさを抑えることで，この問題を回避している（例えば Microsoft HoloLens や Magic Leap One）。一部の研究プロトタイプや製品では，全体的な不透明度を変更できるシェードにより，異なる環境条件に対応することができる[40]（**図 4.11** 参照）。

**図 4.11**　全体的な不透明度を変更できるシェード[40]

　光学コンバイナの特性とシェードの不透明度にも依存するが，いずれにせよ，実環境の背景光はつねに表示映像の各画素に一定の輝度を追加することになる。例えば，シェードを使用せず，50％透明で50％反射する光学コンバイナを仮定すると，背景と HMD の映像は，それぞれ本来の半分の明るさになった後に混合される。

　Gabbard らは，この OST-HMD における色混合という問題を初めて取り上げ，その概要をまとめた上で，異なる背景で生じる効果を経験的に分析している[41]。実際のユーザーによって評価されたものではないが，彼らの結果は色の強度と色相のずれによる OST-HMD のユーザビリティの問題を示唆している。特に，少数の色しか容易に識別できないことで生じる読みにくさは，さまざまな背景のもとで，ユーザーインタフェース要素の設計に制約を与えることに言及している。

　その後，いくつかの研究グループが色混合問題への対処法を検討してきた。Sridharan ら[38]と Fukiage ら[42]による，現実の背景色を考慮して表示色を調整する研究（**図 4.12** 参照）を拡張した SmartColor システム[43]は，理論的な解決策を提示している。これらの研究は，画素単位の色混合をリアルタイムでシミュレーションし，制御するアプローチを提案している。その目的は達成されたものの，あくまでシミュレーション環境でのデモであり，カメラによる環境情報の収集や，OST-HMD による結果の表示などは行われていない。さらに，実際のアプリケーションで必要とされる環境の色情報をどのように画素単

**図 4.12** 色混合問題への対処法[42]

位で取得し,ディスプレイとの位置合わせをどのように行うかという根本的な問題も未解決のままであった.このため,彼らの方法が実際のハードウェア上でどの程度色混合による色ずれを修正できるのかを判断することはできない.

Weiland らは,環境を撮影するカメラを統合して背景色の影響を取り除く(中立化)アプローチを最初に提案している[44].このアプローチは,カメラによって撮影された画像を用いて,色混合の影響を低減するための補償画像を計算するものである.ただし,彼らは事前に位置が固定されたカメラを使用しているため,システムは静的で,事前にキャリブレーションされた環境に対してのみ動作する.

また,Langlotz らは,環境を測定し,それに応じて表示画像を修正することによって,表示画像と混合されたときの環境光を中立化することを提案している[16](**図 4.13**, **図 4.14** 参照).Weiland ら[44]による先行研究とは対照的に,彼らはカメラを OST-HMD に統合し,システム全体をキャリブレーションするための実用的なアプローチも議論している.彼らは,任意の環境下で,カメラ画像空間からディスプレイ画像空間へ各画素をマッピングし,画素単位での補正を行えることを実証した.さらに,ディスプレイとカメラの特性を考慮した補正アルゴリズムを導入し,クリッピングによるアーチファクトを最小化することで,全体として視覚的に一貫性がある結果を実現している.

これらのアプローチは,いずれもシースルーの透過率が一定のディスプレイを前提としている.しかし,透過率を変えることができれば,背景光の影響を

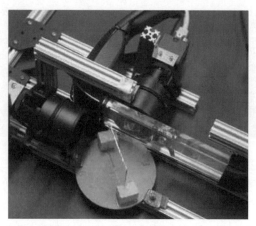

**図 4.13** ユーザー視点と同じ映像を撮影しつつ，AR 映像を表示できるようにカスタマイズされた AR ベンチトップディスプレイシステム[16]（画像提供：Langlotz 氏）

**図 4.14** OST-HMD における色混合の例[16]。(a) 背景，(b) 表示画像，(c) 理想的な補正ができた場合の画像，(d) 補正前，(e) 実際に観測された補正後の画像。（画像提供：Langlotz 氏）

軽減することもできる。この解決策を実現するには，画素単位で透過率を切り替えられる機構（**光学遮蔽**）が必要である。そうすれば，バーチャル物体を表示する場合は不透明にして環境光を遮断し，バーチャル物体を表示しない場合は透明にして環境を見せることができる。画素単位で環境光を遮断するアプローチはいくつかあるが[45],[46]，色混合アーチファクトの低減という文脈では言及されていない。4.9 節で述べる光学遮蔽そのものも OST-HMD における 1 つの大きな課題であるが，ここでは光学遮蔽によって環境光を遮断すると色再現性の向上にも寄与することを強調しておきたい。

画素ごとに透過率を制御するだけではなく，入射する環境光を画素単位でフィルタリングすることもできる。Wetzstein ら[47]，伊藤ら[48]，そして神之門ら[49]

は，この性質を彼らのプロトタイプに採用している．Wetzstein らは液晶マトリクスと光学レンズを用いて環境光の変調（環境の視覚的顕著性の変化など）を実現し，伊藤らと神之門らは**位相限定空間光変調器**（**空間光位相変調器**, phase-only SLM, phase-only spatial light modulator）と呼ばれる，画素ごとの光の屈折率を変えられる液晶デバイスを用いてディスプレイを実現している（**図 4.15** 参照）．色混合問題は，加算型ディスプレイ（現在の一般的な OST-HMD）と，入射する環境光と表示画像をほぼ完全に制御できる減算型アプローチを組み合わせることで，理想的には解決することができる．しかし，本書の執筆時点で，このようなアプローチは実現されていない．

**図 4.15** 位相限定空間光変調器を用いたディスプレイ[48]）

## 4.5 ダイナミックレンジ

2.2.4 項で見たように，人の眼が知覚できる輝度範囲（ダイナミックレンジ）はかなり広い．通常のディスプレイで高いダイナミックレンジ（HDR）を実現する研究は多く存在するが[50]，AR や VR で用いられる HMD で HDR を実現することには，技術的課題がある．例えば，通常の HDR ディスプレイでよく用い

られる複数の変調平面を用意する手法（例えば Layered 3D[51]）を採用すると，ディスプレイの位置合わせの誤差が増幅されてしまう[52),53]。特に，商用や研究用のプロトタイプを含む OST-HMD において，HDR に焦点を当てた研究はあまり多くない。ダイナミックレンジの問題を対象とした数少ない研究として，Lincoln らは DLP プロジェクタで使用される DMD を活用し，高ダイナミックレンジの映像表示を実現している[31]（図4.16参照）。彼らは DMD の各ミラーのタイミングを正確に制御することで，表示できる画像のダイナミックレンジを広げた。彼らの研究では，1色当り 16 ビットの輝度制御を実現しているが，その装置は比較的大型であり，実用化するためには大幅な小型化が必要である。

**図 4.16** 高ダイナミックレンジの映像表示[31]。視野の中に左右 2 つのティーポットが表示されている。左側の視野は 98% の ND フィルタで減光されており，そのティーポットは実際には右側の 256 倍明るく表示されている。

これは，HMD の高ダイナミックレンジ化を目指した別の研究でも同様である。伊藤らは，網膜投影用の高コントラストプロジェクタに，光学素子として「透過型」ミラーとして機能する 2 面コーナーリフレクタアレイ（DCRA, dihedral corner reflector array）を用い，減光フィルタ（ND フィルタ）で光量を安全な範囲に抑えた[54]。OST-HMD の実現には網膜ディスプレイが用いられることがあるが，彼らが開発したプロトタイプはシースルーではないため，AR としては未実装である。

以上のように，人間の知覚や実環境とバーチャル世界の高品質な融合という観点からは，HMD，特に OST-HMD の HDR 化は重要と考えられるにもかかわらず，あまり研究されていない．

## 4.6 焦点奥行再現

人間の目の調節は，水晶体の曲率を変化させることによって，異なる深さの物体に焦点を合わせる際に生じる生理的な奥行き手がかりとして働く．この手がかりは，人間の自然な 3 次元知覚に重要な役割を果たす[55]．従来の OST-HMD の設計の問題点の 1 つは，画像面が表示される焦点位置が固定されることである．この画像面は，じつは平面ではないこと（すなわち，個々の画素は異なる距離に見えること）を先に指摘した．しかし，この画像面の位置はやはり固定されている．この固定焦点位置は，一般に 3〜7 m の間で，光学系などのハードウェアによって決定される．光学系は，画像を表示するためのマイクロディスプレイパネルからの小さな画像を視界に拡大して表示するだけである．結果として，OST-HMD のユーザーは，奥行き感に関してさまざまな問題を体験する．まず，現実の物体とバーチャル物体の間に焦点位置の齟齬が生まれ，バーチャル物体に対する両眼の輻輳（両眼視による）と調節（水晶体による）が一貫しなくなる．この状況は現実の物体では起こり得ず，HMD に特異な視覚体験として，**輻輳調節矛盾**（**VAC**, vergence–accommodation conflict）[56]〜[59] と呼ばれている．VAC はユーザーの 3 次元知覚に影響を与え，VR 酔いの大きな原因となっている．

OST-HMD におけるこの問題の典型的な例として，手に持ったリンゴのようなバーチャル物体をレンダリングする場合を考える．手はせいぜい数十センチ以内の範囲に見えるが，リンゴにピントを合わせるには，数メートル離れた画像面に目の焦点を合わせなければならない．したがって，手とリンゴに同時に目のピントは合わず，リンゴを手に持っている感覚は生まれないため，視覚的に支離滅裂な印象を与えてしまう（**図 4.17** 参照）．

**図 4.17** 一般的な単焦点（OST-）HMD における輻輳調節矛盾（VAC）の概念。理想的には，左図のようにバーチャルなリンゴが手の上に描かれてほしい。しかし，手と映像の焦点距離が合わないと右図のように，VAC が発生する。

この矛盾を解決するためには，バーチャル物体を正しい奥行きでレンダリングし，バーチャル物体からの光線があたかも適切な距離から届いているように見せる必要がある。この要件を満たすためには，本質的に，OST-HMD に追加の光学系または異なるディスプレイ技術を追加する必要がある[60]。そのためのおもな技術的アプローチは，調整可能焦点 OST-HMD，多焦点/可変焦点 OST-HMD，そして，ライトフィールド型（3.6 節参照）またはホログラフィック型（3.7 節参照）HMD の 3 つに分類できる。これらのアプローチでは，それぞれ異なるレンダリングアルゴリズムが用いられる。例えば，**多焦点ディスプレイ**では，各焦点面上に表示する画像領域を計算するために，特定のレンダリングステップが必要になる[16]。同様に，**ホログラフィック型 HMD** では，位相画像を計算する必要がある[61]。これらはすべてリアルタイムで行う必要があり，挑戦的な課題である。Xiao らは，調節をサポートする HMD のハードウェアに依存しない画像生成法に関して議論している。以下では，焦点再現に関連する代表的な研究事例を紹介する。

### 4.6.1 調整可能焦点型 HMD

比較的基本的なアプローチは，焦点面の距離を調整可能（adjustable focus）にすることである。これは，手動で行うことも自動で行うこともできる。例えば，Wilson と Hua は，自由形状 Alvarez レンズ群を組み合わせることで，焦点深度を 0〜3 D（約 33 cm から無限遠）の範囲で焦点距離を滑らかに調整でき

る光学系を提案している[62]（**図 4.18** 参照）。このアプローチは，HMD の利用環境（例えば，腕が届く範囲やテーブル面の距離）に合わせて焦点面を調整したり，両眼の輻輳角から推測した注視距離に基づいて焦点面を調整することで，VAC の影響を緩和することができる。

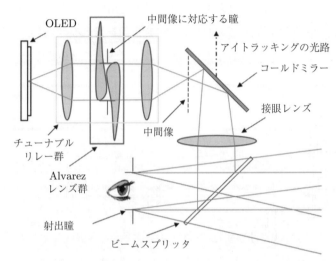

**図 4.18** 焦点距離を滑らかに調整できる光学系[62]。Alvarez レンズ群を縦方向にスライドすることにより，焦点距離が調整される。

### 4.6.2 多焦点型 HMD および可変焦点型 HMD

単体の焦点面を実現する 4.6.1 項のアプローチとは対照的に，OST-HMD の中には，複数の焦点面を持つもの（**多焦点**, multifocal[63]）や，時間多重的に連続した焦点面を模倣するもの（**可変焦点**, varifocal）がある。これにより，映像が異なる焦点面に同時に表示されているように見せることが可能となり，輻輳と調節の矛盾を軽減することができる。しかし，これらのアプローチでは，焦点面の数が限られるため，一部の焦点の手がかりしか提供できないという欠点が残る。すなわち，コンテンツの実際の奥行きに最も近い焦点面に映像を表示することで近似しているにすぎない。さらに，多焦点方式のうち，離散的な奥

行きを持つ複数の焦点面を切り替える方式の場合，各面に対応するディスプレイのオンオフが高速に切り替わるため，焦点面の切り替えによるフリッカが知覚されやすくなるという問題もある。

異なる焦点面でのレンダリングは，HMD 以外でも試みられている（**図 4.19** 参照）。例えば，Akeley らは多重ハーフミラーを用いて，各ミラーがスクリーンの一部をユーザーに見せることで 3 つの焦点面を備えるベンチトップシステム[†]を提案している[64]）（図 (a) 参照）。Liu らは，透過と拡散の状態を切り替えら

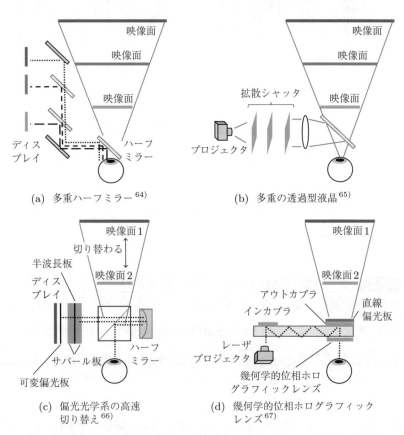

**図 4.19** 多焦点 OST-HMD および可変焦点 OST-HMD の光学系例の模式図

---

[†] 実験台上に構成されたシステム。

## 4.6 焦点奥行再現

れる多重の透過型液晶を用いて，各層を時系列に切り替えることでベンチトップ型の多焦点面 OST-HMD を実現している[65] (図 (b) 参照)。Lee らは高速偏光回転装置とサバール板[†]を組み合わせた偏光光学系を用いて，マイクロディスプレイからの映像を 2 つの焦点距離で切り替えられるようにしている[66] (図 (c) 参照)。Yoo らは，幾何学的位相ホログラフィックレンズを二重焦点ウェーブガイドとして使用している[67] (図 (d) 参照)。多焦点ディスプレイを搭載した初の商用 OST-HMD である Magic Leap One は，視線に基づいて切り替えられる焦点面は 2 つに限定されている[68]。

多焦点のアプローチのもう 1 つの事例として，Matsuda らが提案するフォーカルサーフェスディスプレイがある。これは VR 向けに設計されているが，プログラマブルな自由形状レンズとして機能する空間光位相変調器を利用することで，複数の焦点面画像を連続した焦点面として表示することができる。

多焦点システムと同様に，可変焦点レンズを用いて複数の焦点面を近似させる最初のアプローチは，デスクトップ型のプロトタイプで実証された。例えば，陶山らは，液晶可変焦点レンズを 60 Hz で 2D ディスプレイに同期させ，異なる焦点面（$-1.2 \sim +1.5$ D）に映像を提示した[69]。このように，可変焦点レンズを用いたさまざまな研究が知られている。例えば，Liu らは液体レンズを可変焦点素子（$-5 \sim +20$ D）として使用している[70]（**図 4.20** 参照）。彼らは，単眼のシースルーディスプレイを試作しているが，屈折力を変化させるのに時間がかかり，全体的な性能は限定的だった。彼らの例は，2 つの焦点面を用いた表示で 7 fps（frames per second）の更新レートしか示せなかったが，異なる可変焦点レンズを用いれば，56 fps に近づく可能性があることも示されている。ただし，これはあくまで焦点面が 2 つの場合であり，焦点面を増やすと時間応答性が低下する。また，液体レンズ方式は，レンズの開口径が限られているため，ディスプレイの視野角を広げることが難しいという欠点がある。

Xia らは，液晶シャッタと可変焦点レンズを組み合わせ，VR モードに切り

---

[†] 偏光プリズムの一種。複屈折を持った平行平面結晶板で分光器の部品として使われる。

 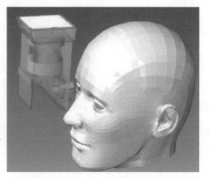

図 4.20　液体レンズを可変焦点素子（−5〜+20 D）として使用[70]

図 4.21　VR モードに切り替え可能な OST-HMD[71]

替え可能な OST-HMD を実現している[71]（**図 4.21** 参照）。また，可変焦点レンズを焦点面の移動だけではなく，ユーザーの視力矯正にも用いることで，視力矯正眼鏡の着用を不要にしている。Rathinavel らは，さらに可変焦点レンズを用いて 280 の焦点面を形成し，連続的な焦点面と知覚的に等価な奥行きをレンダリングできる体積型 OST-HMD を提案している[72]（**図 4.22** 参照）。

図 4.22　体積型 OST-HMD[72]

Konrad らは，VAC を軽減するために，可変焦点光学系で眼の調節による焦点効果を打ち消すというユニークなアイデアを提案している[73]。これにより，調節は HMD の映像の奥行き手がかりとしては働かなくなり，輻輳角や他の奥行き手がかりのみで奥行きを知覚するようになる。彼らの光学系は焦点面を連続的に変化させる**フォーカルスイープ**と呼ばれるしくみを用いて，眼の調節距離によらず不変な視覚刺激を生成するように設計されており，これにより輻輳

と調節の矛盾を大幅に低減することができる。レンズのような屈折光学部品の代替アプローチとして，Dunn らは光学コンバイナとして変形膜ミラーを導入し，大きな視野角と焦点再現能力を両立している[74],[75]（**図4.23** 参照）。

**図 4.23** 大きな視野角と焦点再現能力を両立[74],[75]

### 4.6.3 ライトフィールド型 HMD とホログラフィック型 HMD

4.6.1 項や 4.6.2 項のディスプレイ方式に対して，**ライトフィールドディスプレイ**[76]〜[80] や**ホログラフィックディスプレイ**[81]〜[86] は，理論上は任意の奥行き手がかりを同時に提供し，ユーザーはいつでも任意の奥行きに焦点を合わせることができる。

ライトフィールドディスプレイとホログラフィックディスプレイは，いずれもバーチャル物体表面の光学的な 3 次元形状を再現するが，その原理はまったく異なる[87]。ライトフィールドディスプレイでは，通常バーチャル物体表面からの散乱光を 4 次元光線群（互いに離れたある 2 平面の 2 点を通る光線）として表現する（**図4.24** (a) 参照）。4 次元光線群を生成するための主要方式として，**マイクロレンズアレイ**[88],[89]（図 (b) 参照），もしくは積層した透過型 LCD 群[90],[91] が存在する。

ホログラフィックディスプレイは，空間光位相変調器を用いて入力されたレーザ光の振幅または位相を制御し，伝播する光の波面により視点において所望の画像を形成する[92],[93]（**図4.25** 参照）。Maimone らは，レーザ光源と空間光位相変調器を用いたホログラフィック型 HMD を提案している[94]（**図4.26** 参照）。

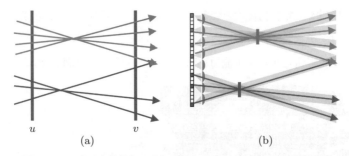

**図 4.24** 4 次元光線場とライトフィールドディスプレイの光学系例

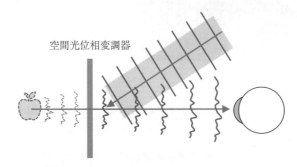

**図 4.25** ホログラフィックディスプレイの原理

**図 4.26** Maimone らのホログラフィック型 HMD[94]

また,彼らは入力位相画像の計算において,光学的挙動を考慮してユーザーの乱視を打ち消す手法を実証している。

高品質なホログラフィック画像を実現するためには,変調画像の最適化が重要であるが,計算コストがかかる[95],[96]。ビデオレートでの**計算機生成ホログ**

4.6 焦点奥行再現　　103

ラムの試みとして，Peng らは深層学習を用いて，1080p[†]のカラー画像をリアルタイムで作成するニューラルホログラフィを提案している[61)]。

Jang らは，**ステアリングミラー**を備えた複数のレーザ光源からなるライトフィールドプロジェクションディスプレイ[79)] を提案している（**図 4.27** 参照）。彼らはアイトラッキングカメラで瞳孔の位置を追跡することで，瞳孔の位置で3次元画像をレンダリングした。透過型 LCD を積層することでライトフィールドディスプレイを実現した研究もある[90), 91)]（**図 4.28** 参照）。これらのアプ

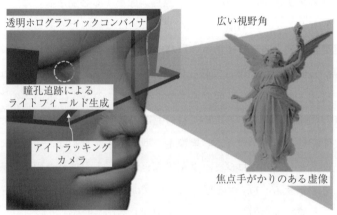

**図 4.27**　ライトフィールドプロジェクションディスプレイ[79)]

**図 4.28**　透過型 LCD の積層によるライトフィールドディスプレイ[90), 91)]

---

† 1920×1080 画素のプログレッシブ走査形式の動画の略称。

ローチは，対象となる3次元シーンに基づいて各層のLCDに表示すべき適切な画像を計算している。

Cemらは，ホログラフィックディスプレイの視野角を拡張している[86]。Kuoらは，ホログラフィック型HMDにバイナリ散乱マスクを挿入し，結果としてアイボックスを拡張するユニークなアプローチを提案している[97]。

### 4.6.4 フォーカスフリー型HMD

フォーカスフリー（focus-free）とは焦点調節をする必要がないという意味であり，フォーカスフリーHMDの焦点深度は，ほぼ無限大である。代表的なものは**網膜走査型ディスプレイ**あるいは**バーチャル網膜ディスプレイ**で，これらは点光源からの光線を中継して瞳孔に集光する**マクスウェル視**（Maxiwellian view）を採用している。3.5節で述べたように，この方式は水晶体の影響を受けずに直接網膜に光を当てるため，目の調節の影響を受けず，つねにピントが合った映像を見ることができる。網膜走査型ディスプレイは，一般的にマクスウェル光学系とレーザプロジェクタを組み合わせ，入力された画像を直接網膜に走査して表示する。Doらはピンホールプロジェクタと再帰反射フィルムを組み合わせた網膜走査型ディスプレイを製作している[98]。

ライトフィールドディスプレイの中には，被写界深度を拡大し，すべての深度面において全焦点で見ることができるものがある。例として，3.8節で紹介した接眼ピンライトプロジェクタを利用する，Maimoneらのピンライトディスプレイが挙げられる[80]。これは，ピンホールによって被写界深度を拡大した写真を撮影するピンホールカメラをヒントにしたものである。しかし，彼らは，1つしかピンホールがないピンホールカメラとは異なり，アクリルガラスにエッチングされた多数のピンホールからなるプロトタイプを作成した。各ピンホールは，小口径のデフォーカス光源に相当し，つねに焦点が合って見える映像（LCDパネルに表示）を網膜に直接投影するために使用される。これは非シースルーHMDでも実証されているが，Maimoneらが使用したアクリルガラスは透明で，ピンホールから出る光を導くウェーブガイドとして機能している。これら

の方式のディスプレイは，つねにピントが合った映像を表示できる反面，映像にピンぼけ効果が必要な場合は，レンダリング段階で画像をぼかす必要がある。レンダリングによって異なる焦点面をシミュレートできることは，ソフトウェアでピンぼけ効果を与えたり，映像をシャープにしたりすることを試みた研究によって実証されている[99]~[101]）。

最後に，目が焦点距離を調節する際の特有な問題について述べる。屈折異常（例えば，異なる形態の近視や遠視）は，OST-HMD の使用に影響を与える。Chakravarthula らは，一般的な社会の年齢分布と老眼（加齢に伴う近見視力の低下）の発生パターンを考慮すると，OST-HMD が広く普及するためには老眼の問題はきわめて重要であると指摘している[102]。また，Padmanabana らは，視線によってディスプレイの挙動を切り替える視線連動型ディスプレイ（gaze-contingent display）や，焦点面を適応的に変化させる適応型フォーカスディスプレイが，老眼などによらず誰もが利用できる VR 向けのディスプレイを実現するために重要であることを実証している[103]）。

## 4.7 画角

現在の OST-HMD の欠点として最も議論されているのが，その限られた視野角である。ほとんどの場合，頭や目を少し動かすだけで重畳表示された映像は HMD の視野外に消えてしまい，現実とバーチャルの違いが一目瞭然になる。2.2.2 項で述べたように，人間の視覚は両眼を合わせると約 200° に及ぶ水平視野角を持ち，HMD もこの範囲をカバーすることが理想的である。しかし，実際にはほとんどの OST-HMD の視野角はそれに及ばず，一般的な視力矯正眼鏡の視野角よりも大幅に狭い。以下では，専用の光学設計を議論する前に，上記で紹介した OST-HMD のいくつかの光学設計を再検討し，その視野角について議論する。また，HMD のさまざまな光学設計を視野角によって分類し，それぞれの概要について述べる[104]）。

ハーフミラーやプリズムのような一般的な光学コンバイナを使用すると，理

論的には広い視野角を実現できるが，これにはサイズや重量が増大するという代償が伴う。人間の視野全体をカバーする必要があるため，光学素子が比較的大きくなり，光学素子に角度をつけて配置する必要があるため，光学系全体がかさばる。さらに，設計によっては，（光源の位置に応じて）表示映像を拡大したり中継したりするために，追加のレンズが必要になる。

ディスプレイから発する光を人間の目に反射させるために，平面ミラーの代わりに曲面ミラーを用いる研究事例は多い。曲面ミラーを用いると，平面ミラーを用いた場合よりも大きな視野角と小さなフォームファクタを実現できる[105],[106]。例えば，Meta 2 は，湾曲した曲面ハーフミラー（図3.12 (a) 参照）を用い，一体型ディスプレイの映像を反射させることで比較的大きな視野角（90°）を実現している。また，研究プロトタイプでは，180°の水平視野角を備える OST-HMD を実現できることが示されている[105],[106]。しかし，大型の曲面ミラーを用いる限り，通常の眼鏡のようなフォームファクタを実現することはできない。

剛体の光学コンバイナの代わりに薄膜ミラーを用いて広視野ディスプレイを可能にするアプローチが提案されている[75]。薄膜は，一般的なハーフミラーと同様に実環境を透過し，バーチャル映像を反射させる目的を持つ一方で，その曲率を急速に変化させることができ，結果として可変焦点ディスプレイを可能にする。しかし，この光学系は，焦点再現能力という点では利点があるものの，広視野を実現することが主目的の場合には，かさばりすぎるという問題がある。薄膜ミラーは，広視野を実現する上では一般的なハーフミラーと同等であり，特に利点はない。

**自由曲面光学系**は，特定の形状や曲率を持つ複雑な集積光学系を製造することで，光学素子の数や全体のサイズを減らし，人間の目に映像を拡大して見せることができる。自由曲面光学系は製造技術が進歩した最近になって，ようやく大量生産が可能になった。しかし，自由曲面光学系は通常，視力矯正眼鏡よりもかなり厚く，その体積は視野角に比例して大きくなるため，用途が限定される。そこで，複数の自由曲面光学系を隣接して組み合わせる（**タイリング**）ことで設計を改善した研究がある。そのような光学系は，平板レンズ系を用いず

に，大きな解像度と比較的広い視野角（56°×45°）を達成している。

Lee らは自由形状の光学系を使用する代わりに，アイピースに**メタサーフェス**[†]を埋め込む方法を提案している[107]）。各メタサーフェスはわずか数 nm の大きさで，空間位相を符号化することでアイピース全体を所望の焦点距離の球面レンズとして機能させることができる。彼らのプロトタイプは視野角 76° を達成しているが，かさばるために実用には向かない。

ウェーブガイド型のシステムは，特定の回折パターンやホログラフィック素子を使用して，光を目に導く。これらのアプローチの利点は，ウェーブガイドが一般に平坦であり，通常の眼鏡に近いフォームファクタを可能にすることにある。しかし，このフォームファクタを維持する場合，このアプローチでは限られた視野角しか得られない。また，現在の技術では，ウェーブガイドを使用した広視野 OST-HMD は，ゴーストと色にじみを生むという問題もある[108]）。

Innovega 社は，一般的な光学系とはまったく異なる OST-HMD を提案している[109]）。これは，RGB それぞれに対応する狭波長帯で映像を表示するマイクロディスプレイを備えた眼鏡を使用する。これに加えて，ユーザーは特殊な**コンタクトレンズ**を着用する必要がある。コンタクトレンズの大部分は，マイクロディスプレイが使用する波長帯を遮断し，それ以外の環境光の波長帯を透過するフィルタで構成されている。

また，コンタクトレンズの中心部（ピンホール）には短焦点レンズがあり，このレンズはマイクロディスプレイの狭波長帯を透過し，それ以外の波長帯を遮断するフィルタで覆われている。ユーザーがこれらのコンタクトレンズおよび眼鏡を着用すると，ピンホール以外の部分から実環境が通常どおりに見えると同時に，ピンホールからマイクロディスプレイの映像が鮮明に見える。したがって，ユーザーはつねにコンタクトレンズを着用する必要があるものの，一般的な眼鏡と同等のフォームファクタで広視野ディスプレイを構成できる。

3.8 節や 4.6.4 項で紹介したピンライトディスプレイは，この焦点の合って

---

[†] 波長より微細な構造を持つメタマテリアルからなる面であり，通常の光学系ではあり得ない方向に電磁波を反射・屈折させることができる。

いない光を使うというアイデアを拡張し，コンタクトレンズを着用する必要性をなくした事例ともいえる[80]。ピンライトディスプレイでは，シースルーの点光源アレイと透過型液晶を目の前に直接配置している。点光源は眼球の光路上に配置されるが，その位置は一般的な調節距離よりも近い。そのため，各点光源はそれ自体ぼけており，視界を遮らない。点光源アレイが発する光は，点光源と眼球の間に配置された1つの透過型SLMによって変調される。点光源は単一方向ではなく，眼に見えるように広い角度で発光するため，この構成ではSLMが発光を制御する仮想的な絞りとして機能することになる。

このアプローチの利点は，通常の光学コンバイナを使わずに映像を目に導く広視野ディスプレイを構成できることである。点光源アレイはアクリル板に多数の小さな凹みを形成することで実現している。アクリル板はウェーブガイドとして機能するが，実際の映像が生成されるSLMを照らすためだけに使用される。その結果，従来のアプローチでウェーブガイドを使用して映像を伝播させる際に起きる光学的な不正確さは，大きな問題にならない。また，SLMも平らであるため，小型のフォームファクタを維持しながら広視野ディスプレイを実現できることを示している。

Benkoらは，プロジェクタを併用する広視野ディスプレイを提案している[110]。彼らは，周辺視野をプロジェクタでカバーし，中心視野をOST-HMDでカバーすることで，広視野を達成している。ただし，中心視野と周辺視野の映像を違和感なく混合するために，ユーザー頭部の位置姿勢を非常に正確にトラッキングする必要がある[111]。

Maimoneらは，偏光を活用して光路を折り畳む技術を採用し，薄型のVR向けHMDを実現している[112]。彼らのプロトタイプは，90°の水平視野角で，9 mm未満の厚さを達成している。Leeらも，同様のアプローチを提案しており，偏光選択型ディフューザを組み合わせることで，80°の対角視野角を持つOST-HMDを実現している[113]。

## 4.8 解　　像　　度

　人間の目の解像度は，あらゆるディスプレイ，特に OST-HMD のような接眼ディスプレイにとって問題になる。実環境と区別がつかない解像度の映像を生成するためには，120 ppd（pixels per degree）を 190°×120° 以上の視野角に対応させる必要があり（2.2.2 項参照），22 800×14 400 の解像度（約 3 億 2800 万画素）をリアルタイムで処理し，ユーザーに表示する必要がある。

　多くの研究用の AR 用 HMD は，最大で 1920×1080/1200 画素である一方で[48],[114]，市販の HoloLens 2 は 2K の解像度としているものの，これは最大約 370 万画素（2560×1440 と仮定した場合）しかなく，最良の場合ですら理想的な画素数の 1% に過ぎない。加えて，ある解像度のディスプレイが生み出す実際の ppd は，投影される映像の画角によって変化する。

　また，解像度増加に対してレンダリングの遅延は抑えたい。HMD も含めて，一般にディスプレイの解像度は徐々に向上しているが，これはレンダリングのための計算コストが増大し続けることを意味する。この問題を解決するために，ユーザーの映像体験に影響を与えることなく解像度を低減できるレンダリング技術が模索されている[115]。2.2.2 項で述べたように，人の眼の分解能は視野内で均一ではない。人間の眼と同様に，ディスプレイも中心視野だけを高解像度にして，周辺視野をかなり低い解像度でレンダリングすれば，人が気づく可能性を抑えつつ解像度を低減できる。このように，計算時間と帯域幅を改善しながら，必要な部分にのみ高い解像度を持たせるのが，**中心窩レンダリング（foveated rendering）** の基本的な考え方である（図 4.29 参照）。

　中心窩レンダリングのアイデアそのものは目新しいものではなく，一般的なコンピュータグラフィクスにも応用されており[116]，HMD にも適用されている[117]。Howlett らや Rolland らによる初期の研究では，HMD のためにこのアイデアが検討されたが，それらは VST-HMD やクローズド HMD に限定されていた[118],[119]。最近の研究では OST-HMD にも適用されている[113],[120]~[123]。

110    4. ヘッドマウントディスプレイの最新研究事例

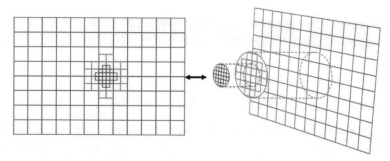

図 4.29 中心窩レンダリングの概念[1]

　Howlett らと Rolland らは，2 つのディスプレイを用いて，低解像度の背景画像に小さな高解像度の挿入画像を投影することで，この効果を実現している[118),119)]。Rolland らがマイクロレンズアレイを用いた VR 向け HMD を実現したのに対し，Howlett らは 2 つのシーンカメラを用いた VST-HMD を実現した。Rolland らは，低解像度の背景画像に小さな高解像度の映像を重畳できるマイクロレンズアレイシステムを設計し，その挿入位置をアイトラッキングによって決定した。これは，ユーザーの眼と低解像度ディスプレイの間にビームスプリッタを配置し，マイクロレンズアレイからの光をユーザーのほうに向けることで実現されている[119)]（**図 4.30** 参照）。

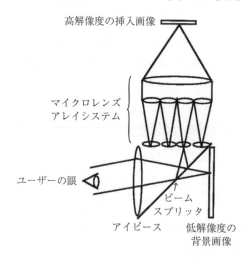

図 4.30 Rolland らによる中心窩ディスプレイの基本的な光学系実装のアイデア[119)]

## 4.8 解像度

Howlettは,広角カメラを用いて低解像度のシーンを撮影し,カメラレンズを通過した光の一部をハーフミラーを介して高解像度のカメラに転送した.そして,両方のカメラからのビデオ信号を2つの異なるディスプレイに表示し,高解像度の画像は広角の画像を用いてLEEP (large expanse extra perspective) 光学系から投影している[118] (図 4.31 参照)。

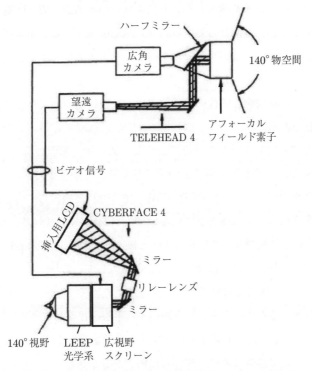

**図 4.31** Howlett による LEEP 光学系を用いた中心窩ディスプレイの基本的な光学系実装のアイデア[118]

Rollandらが提案したシステムはOST-HMDではないが,主たるディスプレイをOST-HMDに置き換え,マイクロレンズアレイを直角に統合することで,理論的には中心窩レンダリングの考え方を用いたOST-HMDを構成することができる.

LeeらとKimらは，それぞれの研究でホログラフィック光学要素を使用した[121],[122]。HowlettらやRollandらが2つのディスプレイを統合したように[118],[119]，Leeら[121]はマクスウェル視に基づく網膜走査型ディスプレイを使用することで，低解像度かつ広視野映像の表示を実現しており，その計算コストは高解像度の中心窩ディスプレイよりも低い。マクスウェル視とホログラフィックディスプレイを選択したことにより，輻輳調節矛盾を回避しながら中心窩レンダリングを可能としている。一方，Kimら[122]は，ホログラフィックディスプレイを用いて周辺視野に仮想的な網膜ディスプレイを生成し，従来型のビームスプリッタとOLED（有機EL）を用いて中心窩に高解像度の映像を表示している。高解像度映像の表示位置は，視線に基づいてリニアステージによって調整される。

こうした中心窩レンダリングを設計するためには，網膜の解剖学的な理解，ここでは視野における解像度の違いを理解することが重要である。Leeらは，周辺視野角を22.6°，中心窩視野角（FoV）を1.02°と報告しているが，それらの空間解像度については報告していない[120]。Kimらは，周辺視野角の推定値を101.4°，中心窩視野角を33°から16°と報告しており，周辺cpd（cycles per degree）は3，中心窩cpdは29から59と報告している[122]。

Akşitらは，機械的な可動式のレンズを用いたハードウェアで中心窩ディスプレイを実現するための光学素子を制作する手法を提案している[123]。彼らは，3Dプリンタで光学素子を製造するプリント光学を含むカスタムHMDの製作プロセスについて詳細に述べ，非一様に画素を分布させたり，中心窩領域を移動させることができる中心窩ディスプレイに対応したレンズの製造方法について言及している。

中心窩レンダリング用の映像をどうレンダリングするか，という点も重要である。Leeらは，多層ディスプレイにおいて中心窩レンダリングを可能にするアルゴリズムを提案している[120]。このアルゴリズムは，ディスプレイのある領域を見るために視線を回転させても高いコントラストが維持されるように各層を最適化することで，アイトラッキングを必要としない中心窩レンダリング

をエミュレートしている。

中心窩ディスプレイの研究の発展を踏まえて，Spjutらは中心窩ディスプレイの分類を試みている[115]。中心窩ディスプレイ（foveated display）の定義を提案し，中心窩ディスプレイの評価に使用できる，人間の視力を簡略化したモデルも提供している。彼らは，中心窩ディスプレイを解像度（A～D）と視線（1～4）の観点から分類している。例えば，Kimらのプロトタイプ[122]は，2Bと分類される。

以上のように，HMDの解像度に関してさまざまな検討がなされているが，高解像度の必要性とそれがもたらす問題に対処する研究は，比較的最近始まったところである。その解決策として提案されている中心窩ディスプレイのコンセプトを，Kimら[122]のようにベンチトップではなく，ウェアラブルのプロトタイプとして実現している例は少ない。Kimのプロトタイプは実際のユーザーでは評価されていないものの，人の目の中心窩解像度の98％を達成できることが示されている。中心窩レンダリングは比較的新しい技術ではあるが，今後のHMDにおいて必須の機能となる可能性がある。

## 4.9 光学遮蔽

ビデオシースルー型のHMDと異なり，光学シースルー型のHMDでは，現実の光線場とディスプレイによって生成されるバーチャル映像の光線場が，光学コンバイナにより統合される。これにより，一般にバーチャル映像は実環境に半透明に重畳表示される。したがって，より現実感のあるバーチャル映像を再現するためには**光学遮蔽**（occlusion，**オクルージョン**）が必要となる。

光学遮蔽は，物体間の3次元的な関係やシーンの一般的な奥行きを理解するための知覚的な手がかりである。一般的なコンピュータグラフィクスを用いて再現できる他の奥行き手がかり（輻輳，運動視差，遠近，グラデーション，色など）と異なり，OST-HMDでオクルージョンを実現するには，その光学透過性のために特別なハードウェアを必要とする。OST-HMDでリアルなオクルージョン

を実現するためには，通常は表示コンテンツに混じる環境光を遮断する必要がある．すなわち，一般に OST-HMD では，提示した映像越しに背景の様子が見えてしまう（**図 4.32** (a) 参照）ため，映像が背景を遮蔽する様子（図 (c) 参照）を再現するためには，背景の環境光を何らかのハードウェア的手段で遮断する必要がある（図 (b) 参照）．しかし，執筆時点で市販されている OST-HMD の中で選択的な光学遮蔽を実現しているのは，Magic Leap 2 のみである．Magic Leap 2 では，いくつかに分割されたエリアごとに光学遮蔽をすることができるが，画素単位での光学遮蔽には対応していない．

(a) 典型的な AR の視界　　(b) 光学遮蔽レイヤ　　(c) 相互遮蔽

**図 4.32** 光学遮蔽の例[124]．一般的な AR 映像は背景が透けるが (a)，光学遮蔽レイヤを導入し (b)，背景の光を遮蔽することで，AR 映像の現実感が向上する (c)．

4.4 節で述べた色再現手法は，表示色を調整することで，AR コンテンツの半透明感を緩和することができる．しかし，そうした手法には，AR コンテンツより明るい背景や AR コンテンツとは異なる色を隠すことができないという本質的な欠点がある．例えば，本物の緑の植物の前にバーチャルの赤いリンゴを表示させる場合，赤と緑は独立な色であるため隠せない．

オクルージョン対応 OST-HMD を実現する光学素子として，一般に何らかの SLM によって，入射する光の性質を選択的に変化させることが多い．例えば，液晶ディスプレイは，各画素を通過する光線の透過率を変えることができる SLM である．

清川らは，オクルージョン対応 OST-HMD の先駆けとして，ELMO-1 という OST-HMD を提案した．この OST-HMD は，2 枚の凸レンズ（**4f 光学系**）の中間に透過型液晶マトリクスを挿入し，背景光を，目に届く前にまず液晶ディ

スプレイの面に集光させ，光を遮るように液晶マトリクスの画素値を変調させる。この光路によりユーザーの視点が自然な視点からずれてしまうという問題がELMO-1にはあったが，彼らはプロトタイプを改良（ELMO-4）し，もとの視点を維持できるようにした[125]（**図4.33**参照）。また，Santosらは，オクルージョンを用いた2眼式OST-HMDを提案した[126]。ただし，光学設計は公表されていない。

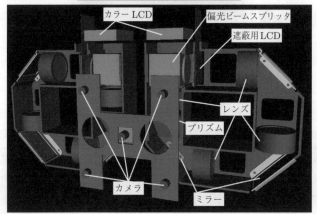

**図4.33** オクルージョン対応OST-HMD（ELMO-4）[125]

これらの手法では，輪郭が鮮明な光学遮蔽マスク（ハードシャドウ）を形成できるが，フォームファクタがかさばる傾向がある。また，前後の凸レンズを省き，光学遮蔽レイヤを接眼系としてそのまま配置するアプローチもある。フォー

カスフリー OST-HMD の一例である．前述した Maimone らのピンライトディスプレイ（図 4.34 参照）では，ディスプレイの前面に透過型液晶マトリクスを変調面として配置し，オクルージョン用のマスク画像を描画している[80]．この方法では，液晶ディスプレイと，シーンに重ねたバーチャル物体との奥行きの不一致により，マスクの輪郭がぼけた状態で部分的に表示されている（ソフトシャドウ）．このぼけを解決するために，伊藤らは OST-HMD を介してシーン

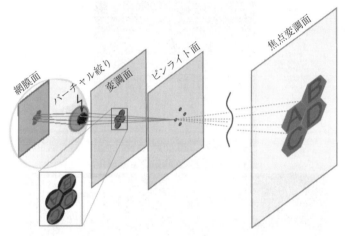

**図 4.34** ピンライトディスプレイの原理[80]．図の変調面にマスク画像を表示することでソフトシャドウも実現できる．ただし，映像を表示する際に背景光も一部透過させてしまうため，コントラスト比は下がる．

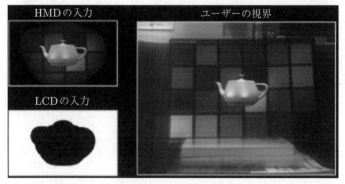

**図 4.35** ビデオシースルーを併用する伊藤らの手法[54]

画像を融合し，ソフトシャドウの輪郭部分をビデオシースルーで補正する方法を提案している（**図 4.35** 参照）．彼らのアプローチは，目の開口サイズから液晶によるぼけ量を計算してから，ユーザーの視界と光学的に一致したシーンカメラから補正画像を作成するため，視点から見たときのレイヤ間の正確な位置合わせが必要となる．

　山口と高木は，これらの単一の遮蔽マスクを用いたアプローチとは異なり，3つのマイクロレンズアレイ層を用いたインテグラルライトフィールドディスプレイを提案している[89]（**図 4.36** 参照）．彼らは，3つの層の各ギャップの間に液晶マトリクスと透過型 OLED を挿入した．透過型 OLED を搭載した1枚のパネルはインテグラルディスプレイの表示画面として機能し，液晶マトリクスはオクルージョンレイヤとして機能する．インテグラルイメージングによる光線場再現により，彼らの光学遮蔽マスクは3次元として知覚される．

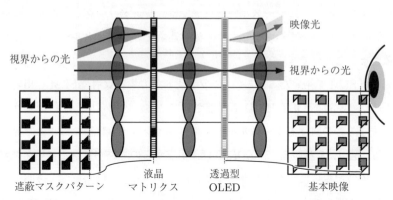

**図 4.36**　インテグラルライトフィールドディスプレイの光学系の模式図[89]．マイクロレンズアレイ群と液晶マトリクス，透過型 OLED パネルをうまく積層することによって実現している．

　もう1つの光線場アプローチとして，4.6.3 項で紹介した透過型 LCD の積層によるライトフィールドディスプレイが挙げられる[90]（図 4.28 参照）．これは，シャッタ，透過型バックライト，最低2枚の液晶マトリクスからなる多層 OST-HMD であり（**図 4.37** 参照），液晶マトリクスを時間的に駆動させ，ユーザーが画像を認識できるようにシャッタと照明を作動させることで光線場を再

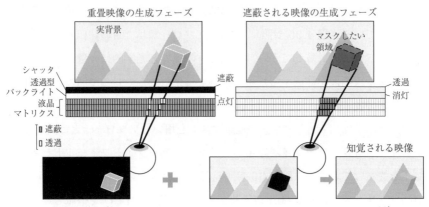

**図 4.37** 透過型 LCD の積層によるライトフィールドディスプレイの構成[90]

現する。さらにレンダリングモードをシースルーモードに切り替えることで，つまりシャッタを停止させることで，ユーザーにシースルー表示を提示することができる。さらに，シースルーモードでは，レンダリングされた光線に対応する液晶画素に黒を表示することで，光学遮蔽を3次元オクルージョンとして知覚させることができる。

透過型 SLM を用いたこれらのシステムとは異なり，反射型 SLM を用いたオクルージョン対応 OST-HMD も研究されている。内田らは，反射型ミラーデバイスである DMD をシースルーディスプレイシステムに用いることを提案している（**図 4.38** 参照）。この DMD は，視点からの光路が背景とマイクロディスプレイのどちらに向かうかを切り替えることができ，画素単位で透明・不透明の状態を選択できるため，実コンテンツとバーチャルコンテンツの相互遮蔽が可能になる。Kim らは，同様の DMD ベースのシステムを実証している[128]。Krajancich らは，LED を組み合わせて DMD 自体をディスプレイスクリーンとして使用することで，DMD ベースのアプローチをさらに強化した[129]（**図 4.39** 参照）。彼らのアプローチは，よりシンプルな光学設計を実現しながら，2値画像因数分解に基づく最適化されたレンダリングアルゴリズムを実装している。

4.9 光学遮蔽　119

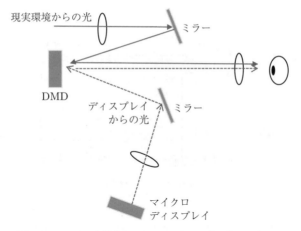

**図 4.38** DMD 自体をシースルーディスプレイスクリーンとして使用するシステムの模式図[127]

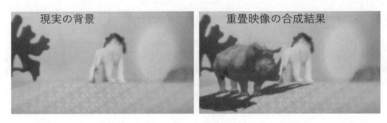

**図 4.39** DMD 自体をディスプレイスクリーンとして使用するシステムの表示例[129]

Cakmakci らは，DMD の代わりに LCoS（liquid-crystal-on-silicon）チップ，つまり反射型 LCD を使用した（**図 4.40** 参照）。このシステムでは，現実の背景光とマイクロディスプレイの光路を，X キューブプリズムを持つ LCoS で統合している。この光学設計は，比較的シンプルな構造のため実装が容易な反面，X キューブプリズムがレンズで挟まれていることから，大型化に難がある。例えば視野を広くするためには，キューブを大きくする必要がある。また，2 枚のレンズ（4f 光学系）によって光路が延ばされることにより，ユーザーの見かけ上の視点位置がレンズ方向にずれてしまうという問題がある。つまり，

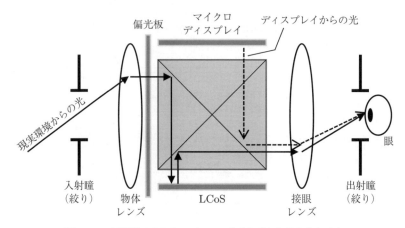

**図 4.40** 反射型 LCD と X キューブプリズムを組み合わせたシステムの模式図[46]

OST-HMD をかけると，ユーザーはあたかも自身の視点が前のほうにずれたかのような感覚を覚えてしまい，違和感になりうる。

一方，Gao らは，ディスプレイの小型化と光学性能の向上を目的として，自由曲面プリズムを用いた2層折り返し光学系を設計している[130],[131]（**図 4.41**

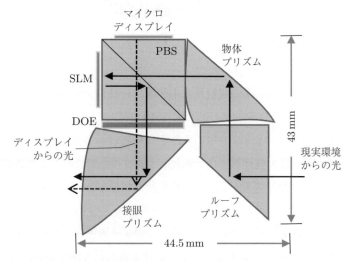

**図 4.41** 自由曲面プリズムを用いた2層折り返し光学系の模式図[130],[131]

参照)．この光学系は，折り返した光路により，前述のレンズ系によって生じる光路長の延びを打ち消すことができる．そのため前述の視点位置ずれを緩和でき，ユーザーのシースルーの視点への影響が改善される．

さらに，Wilson と Hua は，より実践的な光学設計を行い，自由形状レンズの代わりに手頃な価格のレンズを用いた，複数枚のレンズ系による光学系を提案した[132]（**図 4.42** 参照）．この設計も前者と同様に，光路を折り返したオクルージョン対応 OST-HMD となっており，かつコンパクトなフォームファクタを実現している．

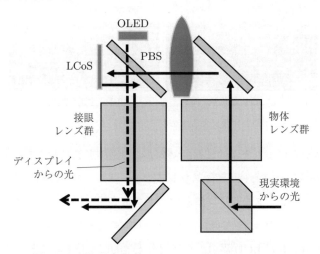

**図 4.42** 折り畳み式オクルージョン対応 OST-HMD の光学系の模式図[132]

OST-HMD における焦点調節の問題（4.6 節）と同様に，上記のオクルージョン手法は，オクルージョンのレンダリングに使用する光学系やディスプレイによって，一定の距離にある平面上にオクルージョンが現れるため，輻輳調節矛盾が発生する．浜崎と伊藤は，オクルージョンレイヤを可変焦点化するためのハードウェアアプローチを提案している（**図 4.43** 参照）．

彼らのシステムは 3 つのレンズからなるリレー光学系で構成され，LCD 層は最初の 2 つのレンズの間に配置されている．LCD はリニアステージに取り付け

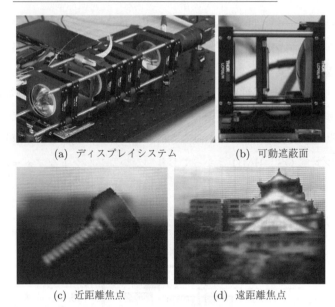

(a) ディスプレイシステム　　(b) 可動遮蔽面

(c) 近距離焦点　　(d) 遠距離焦点

**図 4.43**　浜崎と伊藤によるオクルージョンレイヤの可変焦点化[124]

られ，システムにより光学的に遮蔽マスクの視距離をシフトできるようになっている．Rathinavel らは，ディスプレイのシースルー経路に配置された2つの焦点調整可能なレンズを用いて遮蔽マスクを可変焦点にする，別のアプローチを提案している（**図 4.44** 参照）．レンズの焦点を最適に制御することで，レンズの間に配置された LCD 層の焦点深度を光学的に調整することができる[133]．

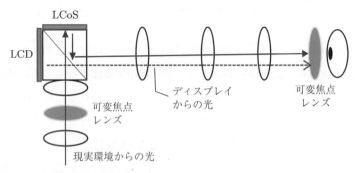

**図 4.44**　Rathinavel らによるオクルージョンレイヤの可変焦点化の光学系の模式図[133]

Virtual Reality Library

# 第5章 ヘッドマウントディスプレイによる視覚の解放

ヘッドマウントディスプレイ

　本書ではこれまで，HMD のおもな用途として VR や AR，ウェアラブルコンピューティングなどを想定してきたが，HMD をはじめとする視覚ディスプレイは，視覚能力を再設計，再定義するために利用することもできる．例えば，紫外線カメラとビデオシースルー HMD を用いれば，紫外線を見る視覚能力を身につけることができる．すなわち，「人間の視覚能力とはこうあるべき」という生物的・社会的・心理的束縛からの「解放」である．今後は「視覚の解放」のための HMD の利用が少しずつ進んでいくと考えられる．本章では，HMD を用いて視覚を解放するための要素技術や視覚の解放を目指した研究事例を紹介する．

## 5.1 視覚を解放するための要素技術

　視覚を解放し，自由自在な視覚能力を作り出すためには，以下の3つの要素技術が必要である．
(1) 完璧な映像提示技術
(2) 柔軟な視知覚補正・矯正技術
(3) 自在な視覚拡張技術

　まず，(1) では眼前に正しく映像刺激が提示されなければならない．広視野，高精細，高ダイナミックレンジ，高色純度，低遅延，正確な奥行き手がかりなどのさまざまな性能を向上させ，受容可能な任意の視覚刺激を余すことなく正確に提示できる技術が必要である．前章までに見てきた HMD の事例の多くは，

このカテゴリに入る。

つぎに，(2) では個人ごとの視知覚機能の差異を吸収し，正しく提示した映像を正しく脳内に送り届ける必要がある。例えば視力が低い人は視力矯正眼鏡をかけて視度を調整するが，こうした補正・矯正機能を大幅に拡充した上で，HMD に統合してしまおうということである。従来の HMD の研究開発では見過ごされてきたカテゴリであるが，徐々に関心が高まっている。

例えば，ゴーグルに備わった可変焦点レンズの焦点距離を視距離に応じて調節することで，人間の焦点調節機能の衰えを補い，鮮明な視界を自動的に確保してくれるオートフォーカスゴーグル（自動視度調整ゴーグル）が存在する。このようなゴーグルは，スタンフォード大学などいくつかのグループが研究開発しており[1]（後出の図 5.2 参照），2024 年には ViXion 社が一般向けに販売を開始している。また，AR 用 HMD を用いて色を見分けにくい領域に映像を重畳することで区別しやすくする，色覚異常者向けのゴーグルも存在する[2]（後出の図 5.4 参照）。5.2 節で解説するように，一般的な眼鏡では対応できないさまざまな**非定型視知覚**を有する人々に，**定型視知覚**あるいはそれに近い視知覚を提示できれば，社会的包摂という観点からも意義が大きい。

最後に，(3) では (1) と (2) の技術を前提として，いよいよ目的に合った視覚能力をゼロベースで設計し直し，作り出す。**視覚拡張**（VA, **vision augmentation**）は**人間拡張**（HA, **human augmentation**）の一種であり，じつにさまざまな事例が提案されている。「拡張」というと超人的能力が強調されがちであるが，再設計のベクトルは上向きでなくてもよく，斜め上でも横向きでも下向きでもよい。例えば，Ates らは，さまざまな視覚障害の見え方をシミュレーションする HMD システム SIMVIZ を提案している[3]（後出の図 5.21 参照）。このようなシミュレーションはいわば下向きの再設計と考えられるが，これによって視覚障害者への理解を促進し，社会を改善するヒントを得るという大きなメリットがある。何より「視覚とはこうあるべき」という固定観念から自由になり，「解放」されることが重要である。

これら 3 つの段階を経て，人間の視覚は生物的，社会的，心理的な制約ある

いは固定観念から自由になり,「解放」される。技術の進展によるこうした「視覚の解放」,さらには「人間の解放」は,すべての人々が互いを認め,それぞれの能力を最大限に発揮して助け合うインクルーシブな社会を実現していく上で鍵となるに違いない[4]。

(1)については前章までで取り上げてきた。以下では,(2)と(3)に関する要素技術や研究事例を紹介する。

## 5.2 視知覚の補正・矯正

視覚提示技術が進展してどんな映像でも表現できる HMD が実現すれば,自由自在な視覚提示が可能かというと,じつはそうではない。一般に HMD の設計やレンダリングは定型の視知覚を前提にしているが,実際には非定型のさまざまな視知覚を有する人々が存在する。HMD はそうした非定型視知覚の補正・矯正を行うデバイスとして,現在の眼鏡のように,将来的には日常生活に必要不可欠になると考えられる[5]。以下では,視知覚の補正・矯正のプロセスについて述べた後,さまざまな実例を紹介する。

### 5.2.1 視知覚の補正・矯正のプロセス

図 5.1 に,定型・非定型の視知覚と,HMD による補正・矯正を模式的に示す。定型の視知覚において,実世界の視覚刺激 $x_w$ は,眼球の位置姿勢 $M\,(=[Rt])$ に合わせて,瞳孔から射影変換 $K$ を経て視覚刺激 $x_e$ として入射する。$x_e$ は眼光学プロセス $f$ を経て網膜像 $x_r$ に写し取られる。両眼の $x_r$ はさらに視神経・視覚野の脳活動プロセス $g$ を経て,視知覚 $x_b$ に変換される。

同様に,非定型の視知覚において,実世界の視覚刺激 $x_w$ は,眼球の位置姿勢 $M'\,(=[R't'])$ に合わせて,瞳孔から射影変換 $K'$ を経て視覚刺激 $x'_e$ として入射する。$x'_e$ は眼光学プロセス $f'$ を経て,網膜像 $x'_r$ に写し取られる。両眼の $x'_r$ はさらに視神経・視覚野の脳活動プロセス $g'$ を経て視知覚 $x'_b$ に変換される。非定型視知覚では,このプロセスのいずれかが定型の場合と異なっている。

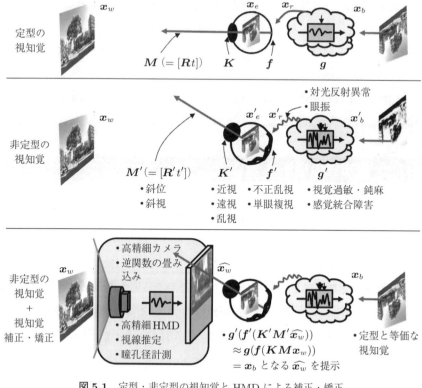

**図 5.1** 定型・非定型の視知覚と HMD による補正・矯正

このように視知覚プロセスをディジタル画像処理における射影変換や時空間画像フィルタのアナロジーで捉え，その逆問題を解く計算論的アプローチをとると，非定型者に定型と等価な視知覚を生じさせることがある程度できると考えられる．

例えば，**優位眼**[†]に対して非優位眼の眼位がずれる**斜視**や**斜位**に対しては，その変位 $R'R^{-1}$ を補償するようにビデオシースルー HMD のカメラ映像を回転させればよい．また，**不正乱視**などの網膜像の歪み・ぼけに対しては，眼底波面センサで得た収差 $f'$ から視覚刺激 $x_w$ に対する非定型の網膜像 $x'_r$ を推定し，これを網膜像 $x_r$ として受け取るような**補償画像** $\widehat{x_w}$ を算出して入力すれ

---

[†] 両眼のうち優先的に情報を処理するほうの目．利き目．

ばよい．すなわち一般に，$g'(f'(K'M'\widehat{x_w})) \approx g(f(KMx_w)) = x_b$ となるような補償画像 $\widehat{x_w}$ を HMD に提示すればよい．脳機能由来の非定型視知覚の補正は困難であるが，一般に**視覚過敏**・**視覚鈍麻**は激しい動きや高周波の明滅を見た場合など，特定の状況で発現しやすいため，それらを誘発しない視覚刺激に変換する画像フィルタを開発できると考えられる．

### 5.2.2 視力の矯正

**近視**や**遠視**などの一般的な**屈折異常**は，視力矯正用の眼鏡やコンタクトレンズを用いて視度を調整して矯正するが，これを HMD を用いて行う研究も進んでいる．例えば Wu らは視度調整機能付きの AR ディスプレイ，Prescription AR を試作している[6]．多くの HMD と異なり，視力矯正用の眼鏡やコンタクトレンズを併用する必要がないため，より多くのユーザーにとって使いやすくなると期待される．

また，加齢に伴って焦点調節機能が衰える**老眼**などの**調節異常**に対しても，これを矯正するオートフォーカスゴーグル（自動視度調整ゴーグル）が研究されている．例えば前出の Padmanaban らが提案する Autofocals では，距離センサやアイトラッカなどを併用して注視する方向の視距離を計測し，適切に可変焦点レンズの焦点距離を調節する[1]（**図 5.2** 参照）．これにより，異なる距離

**図 5.2** Padmanaban らによる自動視度調整ゴーグル[1]

の焦点調節の切り替えが肉眼のみの場合よりも楽に行え，文字を正確に読み取れることが示されている．オートフォーカスゴーグルの試みは増えており[7],[8]，ViXion のような市販の製品も登場しつつある．

一方，視距離にピントが合うように光学系を調整するのではなく，4.6.4 項で述べたフォーカスフリー HMD を用いてビデオシースルー HMD を構成することで，視距離によらずつねに実環境を鮮明に見えるようにするアプローチも存在する．この方式では，網膜さえ正常であれば水晶体の調節によらず鮮明な映像を見ることが可能なため，いわゆる**弱視（ロービジョン）**の多くをサポートすることができる．実例として，QD レーザの網膜走査型ディスプレイ RETISSA Display II などが知られている．

視度を調整せずに映像を鮮明化するユニークなアプローチとして，伊藤らは焦点が合わずぼけた視界に AR 用 HMD で補償画像を重畳表示することで，鮮明な映像を網膜上に提示する手法を提案している[9]．

今後は，HMD を用いて実環境の視界を鮮明に見せることが一般化していくだろう．

### 5.2.3　色覚異常の補正

Tanuwidjaja らは，**色覚異常**があっても色の違いに気づけるように加工した映像を，Google Glass でリアルタイムに提示するシステム Chroma を提案している[10]（**図 5.3** 参照）．ただし，Chroma は背景を含む加工映像が視界の右上に小さく重畳表示される方式であり，実環境の色が実際に変化したように見

 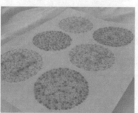 

**図 5.3**　Chroma による色変換の様子[10]．（左）正常色覚の見え方，（中央）2 型 2 色色覚の見え方，（右）Chroma を介した 2 型 2 色色覚の見え方．

えるわけではない。したがって，加工映像と実環境を交互に見比べる必要があるという問題がある。

Langlotzらは，実環境の色が実際に変化したように見えるAR用HMDであるChromaGlassesを提案している[2]（**図5.4**参照）。ChromaGlassesでは，光学的に眼球と等価な位置から撮影した実環境の映像をもとに，ユーザーの視界に入る情景の見た目を，色覚異常がある場合でも識別しやすい色に変換する。色変換には，Daltonizationと呼ばれる色変換アルゴリズムを用いている。Daltonizationは，色覚異常のタイプに合わせて，CIE 1931色空間上の特定の直線（混同色線）上にある色覚異常者が混同しやすい色（混同色）を特定し，混同色を混同色線と垂直な方向に移動することで区別しやすい色に変換する。この変換により，Langlotzらは色覚異常者の色の弁別性能が向上することを確認している。ただし，光学シースルーHMDを頭部に装着して自由に見回せる状態で色変換の位置合わせを正確に保つことは困難であり，今後の課題となっている。

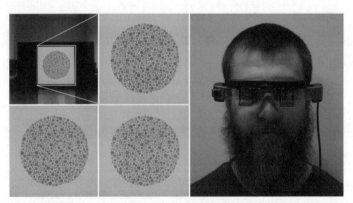

**図5.4** ユーザーの色覚に応じて視野の一部の色味を変調するシースルーHMDシステム，ChromaGlasses[2]

### 5.2.4　斜視・斜位の矯正

**斜視**は左右の眼が異なる方向を向いている状態であり，**斜位**は隠れ斜視とも呼ばれ，普段は左右の眼を同じ方向に向けることができるが，片眼ずつ調べる

と視線がずれている状態である．わずかな斜位は多くの人に見られる．近年は，アイトラッキングによって斜視や斜位の程度を診断する試みが増えている．例えば，Miao らは本来期待される注視方向からの眼球の偏位角（眼球がどれほどずれて回転しているか）を，VR 用の HMD を用いて高精度かつ短時間で自動的に測定するシステムを開発している[11]．従来の検査と異なり，HMD を用いることで自由に周囲を見回しながらより自然な状態で検査できる利点もある．

一方，HMD を用いた斜視や斜位の治療や矯正の試みは，まだ多くない．その中で，**アンブリオピア**（amblyopia）の治療に HMD を用いる例が知られている．アンブリオピアは**医学的弱視**とも呼ばれ，遠視・乱視・斜視などの理由で児童期までに適切な視覚刺激を受けられなかったために視力が発達せず，低視力となっている状態である．例えば，幼児期から斜視がある場合は，ものが二重に見える**複視**を避けるために，見づらいほうの眼（非優位眼）の刺激を脳が無視（**抑制**）することにより，視力が低下する．Nowak らは，AR 用 HMD を用いて両眼に異なる映像刺激を提示し，非優位眼を積極的に使わせることで視力の向上を図るシステムを提案している[12]．このような訓練を経ることで，視力が回復するだけではなく，軽度の斜視であれば立体視が可能になる場合もある．同様のアイデアに基づいた商用のシステムとして，Vivid Vision が知られている．

斜視の発症時期や症状によっては，視機能を回復する訓練や，プリズム眼鏡を用いた矯正などを適用できない場合がある．特に，眼筋の麻痺などによって成人期に斜視が発症した場合は，脳が抑制を行なわないために複視が発生し，日常生活に支障をきたすことがある．清川は，魚眼カメラと VR 用 HMD を用いて柔軟に斜視の検査・矯正を行うためのビデオシースルー HMD を開発している[13]（図 5.5 参照）．

一般に複視の検査には，特殊なグリッドパターンを投影して両眼網膜像のずれ（偏位）を評価する**ヘスチャートテスト**[†]が用いられる．このシステムではヘスチャートテストを VR で再現し，偏位を計測した上で，これを解消するよう

---

[†] 眼球の動きや眼筋の機能，斜視の程度などを調べる検査．

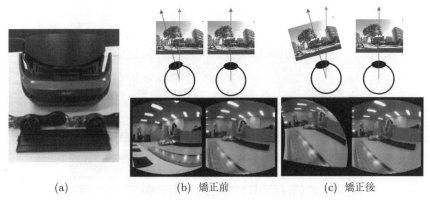

(a)　　　　　　　(b) 矯正前　　　　　(c) 矯正後
図 5.5　眼位調整ゴーグルによる斜視・斜位の矯正[13]

に非優位眼側の魚眼カメラの映像を補正して提示することで，斜視を矯正する。図 5.5 (a) は，システムを構成する HMD とステレオカメラの様子である。図 (b) は矯正前，図 (c) は矯正後の様子を表している。この場合，右眼が正面を見ているのに対して左眼は左方向を見ており，矯正前は立体視ができていない。矯正後は左眼に対応する画像を回転させたことで左右の注視点が一致し，立体視が復元している。このシステムを利用し，フレネル膜プリズムを用いて斜視を模擬し，ヘスチャートテストを実施したところ，専用のヘスチャートプロジェクタで測定したのと同程度の偏位が測定された。また，その偏位に合わせて魚眼カメラの映像を球面上で回転させたところ，両眼立体視が復元した。

このように，ビデオシースルー HMD を用いることで，さまざまな眼疾患に柔軟に対処することが可能である。

### 5.2.5　変視症の矯正

**変視症**はものが歪んで見える視覚異常全般を指し，多くは**加齢黄斑変性**や**網膜剥離**などの網膜の異常によって引き起こされる。近年，ビデオシースルー HMD を用いて変視症の矯正を行う研究が進められている。Ong らは，変視症が片眼にのみ発症していることを前提として，視界が歪む領域を覆うように人工的な暗点を設けることで，変視症を矯正するシステムを提案している[14]（**図 5.6**）。

**図 5.6** Ong らによる変視症矯正システム[14]。(上) システムの外観。視界中央にアムスラーチャートが表示されている。(下) さまざまなサイズの暗点の例。

ユーザーは視界の歪みが気にならないように，**アムスラーチャート**[†]に重なる暗点のサイズや位置を調整することができる。実験の結果，適切な暗点を設ける

---

† 視野の中心部分の変化や歪みを検査するために用いる格子状のチャート。

ことで変視症の症状が軽減され，文字の判読なども可能になることが示されている。ただし，この手法は両眼に変視症が発症している場合には適用できない。

　実環境の映像を補正することで，視界が歪まずに見えるようにする研究も行われている。これは一般に視界の歪みの計測と補正という2つのステップで行われる。例えば，Cimmino らのシステムでは[15]，まず視界の歪みや欠損を検査するアムスラーチャートを HMD 内に再現し，グリッド中央を注視した際にグリッド全体が歪みなく見えるようになるまで，ユーザーがグリッドの各頂点の位置を移動することで，視界の歪みマップを獲得する。つぎに，得られた歪みマップをビデオ映像に適用して視界を変形し，変視症を矯正する。

### 5.2.6　視覚過敏の矯正

　1章で触れたサングラスは，強い光を避けるために古くから使用されてきた。近年は，光の強さに応じて透過度が変化するフォトクロミック素材を使用したサングラスや，液晶を用いて瞬時に透過度を調整できる e-Tint のような製品が登場しつつある。しかし，HMD を用いれば，より柔軟に視界の明るさに対処することができる。例えば，ビデオシースルー HMD を用いれば，レーザ光を扱うような危険が伴う環境であっても，安全に視界を確保することができる[16]。ただし，現状のビデオシースルー HMD は比較的重く，ユーザーの顔を隠すなどの欠点もある。

　光学的なアプローチで，柔軟に視界の明るさを調整するシステムも提案されている。Hu らは**視覚過敏**者向けのスマートサングラスの開発に取り組んでいる[17],[18]（**図 5.7** 参照）。さまざまな光をまぶしく感じやすい視覚過敏者はサングラスをつねに利用することが多いが，サングラスは視界を一様に暗くするため，もともとまぶしくないエリアは暗くなりすぎて不便である。Hu らのスマートサングラスは，透過型液晶マトリクスを用いて明るいエリアの透過率を下げる一方で，暗いエリアの透過率は高くし，全体のダイナミックレンジを下げて視界を見やすくする。ただし，このように単板の透過型液晶マトリクスのみを用いる方式は，遮蔽マスク自体が網膜上でピンぼけしていまい，外光を十分に

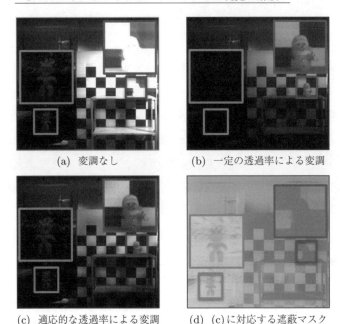

(a) 変調なし　　(b) 一定の透過率による変調

(c) 適応的な透過率による変調　　(d) (c)に対応する遮蔽マスク

**図5.7**　Huらのスマートサングラスによる視界変調の例[17), 18)]

遮蔽できないという問題がある．4.9節で述べたような複雑な光学系を用いずに望ましい結果を得るために，Huらは遮蔽マスクがぼけることを前提に，遮蔽マスクのサイズを適切に拡大する手法を採用している．図5.7 (a)は変調のない場合であり，左下の土偶の様子がよく見える一方で，右上の雪だるまは明るすぎてよく見えない．図(b)は通常のサングラスのように一様に暗くした場合であり，右上の雪だるまの様子が見える一方で，左下の土偶は暗すぎてよく見えない．図(c)はこのシステムによって変調した場合であり，双方の様子がよく見える．図(d)は図(c)に対応する遮蔽マスクの様子である．

　Huらはさらに，単純なしくみで鮮明な遮蔽マスクが見えるように，2つの透過型液晶マトリクスを前後に配置したシステムも開発している[19)]．眼に近いほうの透過型液晶マトリクスでピンホールアレイを動的に形成し，これを通して遠いほうの透過型液晶マトリクスで表示される遮蔽マスクと背後の実環境が同時に鮮明に見えるようにしている．

### 5.2.7 視機能検査

　視知覚機能の補正・矯正を行うためには，対象者の視知覚機能を正しく把握することが重要である．一般の視機能検査では，さまざまな指標を特殊な機器で提示するが，HMDがあれば多様な指標を自在に提示することが可能となる．また，自宅で遠隔診断を受けるといったことも，技術的には可能となる．これまでに，HMDを用いて視機能検査を行うためのさまざまなシステムが提案されている．例えば，OngらはVR用HMDを用いて視力検査を自動的に行うシステムを開発している[20]．Ongらの実験では，HMDシステムで計測される視力は，平均値としては**スネレン式視力表**で計測される一般的な視力とほぼ一致するものの，ばらつきが大きいことが示されている．Ongらは結論として，HMDの高いポテンシャルを認めながらも，臨床用途にはさらなる精度向上が必要であるとしている．

　また，5.2.4項で述べたように，MiaoらはVR用HMDを用いて斜視の検査を自動的に行うシステムを開発している[11]．このシステムでは通常の斜視診断手順をシミュレートし，患者の眼球運動を解析して斜視の偏位角を推定している．その結果，正常な眼位と外斜視のいずれの場合においても，推定された偏位角は医師の測定結果とよく一致しており，それらの平均値の差は0.7°未満であることが示されている．

　一方，Orlosky らは，HMD に提示した移動指標を追って滑動性追従眼球運動を行っている眼球の画像を強調して可視化することで，パーキンソン病などによる眼振の診断を支援するVRシステムを開発している[21]（**図5.8**参照）．このシステムでは，遠隔の医師が眼球運動を自ら観察して診断することが想定されているが，自動的に眼球運動を計測し，診断を支援するシステムも考えられる．例えば，広田らはアイトラッキングと画像による物体検出を組み合わせることで，移動する指標を注視する眼球運動を自動的に計測し，滑動性追従眼球運動の検査を支援するシステムを開発している[22]．実験の結果，眼科外来における自動検査に用いるのに十分な精度を持つことが示されている．

　また，Maoらは視野の欠損を検出する簡易な手法を提案している[23]．彼ら

136    5. ヘッドマウントディスプレイによる視覚の解放

(a) ユーザーに表示される検査手順の説明　　(b) 追跡タスク(上)と計算タスク(下)に対する眼球運動

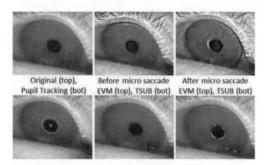

(c) パーキンソン病患者の眼球運動を強調する可視化

図 5.8　VR を用いた遠隔眼振診断支援システム[21]

は，モニタの一部を非表示にすることでさまざまな視野欠損を模擬し，ビデオ視聴時の眼球運動を解析したところ，半側視野欠損では水平方向の，下側視野欠損では垂直方向の眼球運動量が増加し，トンネル視の場合は水平・垂直の眼球運動量が減少することが判明した．この結果は，視野欠損の種類によって眼球運動パターンが異なることを示しており，視野欠損の自動検出に有用であると考えられる．

　ただし，以上に挙げたような手法は，いずれも何らかの映像をユーザーに提示する必要があるという大きな制約がある．すなわち，こうしたシステムを利用する前提として，患者が視機能検査を受けたいと思う必要がある．しかし，多くの視機能異常は初期段階では自覚症状がないため，患者が自ら視機能検査を受けることは少ない．それゆえ早期発見が難しく，気がついたときには症状が

進行してしまっているといったことが起こりがちである。

　常時装用が可能な小型軽量のデバイスを用いて，日常生活の視行動から自動的にさまざまな視機能検査を実施することができれば，自覚症状のない視機能異常の早期発見が可能となる。例えば，眼を細めるなどの特有のしぐさから，眼が悪くなったことを推定できるかもしれない。こうした考えに基づき，Weiらは眼電位を用いて屈折異常を推定するシステムを開発している[24]。このシステムには学習フェーズと認識フェーズがあり，学習フェーズでは，ユーザーがモニタ上のさまざまな視覚刺激を観察するときの眼電位を計測し，そのデータから屈折異常の程度を推定する推定器を学習させる。認識フェーズでは，学習した推定器にユーザーの眼電位を入力して屈折異常の程度を推定する。このシステムでは，ユーザーごとに推定器を学習させた場合には，$-3.0\,\mathrm{D}$ から $+3.0\,\mathrm{D}$ までの 7 段階の眼鏡を装着して屈折異常を模擬した実験に対し，どの眼鏡を装着していたのかを 99% の精度で推定できることが示されている。実際の日常生活におけるさまざまな視行動を対象とした高精度な推定が，今後の課題である。

　このようなしくみによって，将来的には AR 用 HMD がユーザーの視機能を自動的に検査して最適な視覚支援を行うことが実現すると期待される。

## 5.3 視覚拡張

　近年のディジタル補聴器やヒアラブルデバイス（耳につけるウェアラブルデバイス）には，会話以外の雑音を低減したり，特定方向の音声を聴き取りやすくしたり，環境音を合成してシーンを演出したり，会話を自動翻訳したりといった機能を備えたものがある。こうした聴覚機能は，本来の人間の機能とはまったく異なるものであり，目的に合わせて聴覚を再設計することが可能になりつつある。すなわち，「聴覚の解放」は一般に認知されている以上に進展している。視覚ディスプレイも補聴器のように小型化高性能化が進めば，いずれは常時装用することで便利で快適な日常生活を送れるようになるだろう。装用していないと，むしろ奇異な眼で見られる日が来るかもしれない。視覚拡張を含む視覚

再設計の研究は，技術的側面だけではなく，実用性，安全性，倫理的側面，社会受容性など，さまざまな観点でハードルがある。その前に現在は，技術的にそもそも実現できるのか，実現できた場合に有用性があるのか，といった点に着目して幅広い可能性が追求されている段階であるといえる。

### 5.3.1 視力の拡張

人間の視力は動物の中では良いほうであるが，一部の鳥類などには及ばない。例えば，鷹の視力は 4.0 以上といわれる。生物的限界を超えてさらに視力を高めることはできないだろうか。遠方の小さな文字が読みづらいとき，われわれは目を細めて被写界深度を稼ぐことでピンぼけを緩和したり，双眼鏡で拡大したりする。ピンぼけを解消して実環境を鮮明に見るためのシステムは，すでに 5.2.2 項で紹介した。ここでは，HMD を用いることで，まるで自身にもともと備わった身体機能の一部であるかのように視力を拡張する研究を紹介する。

Schuster らは，入射光の直線偏光の向きによって等倍と望遠（2.8 倍）の光路を切り替えることができる望遠コンタクトレンズを開発している[25]（図 5.9 参照）。これに偏光の向きを変調する液晶フィルタと瞬き検出器を組み合わせ，一方の眼のウィンクで望遠，他方のウィンクで等倍に切り替えるシステムを実現している。図 5.10 に示すように，等倍の視界と望遠の視界が混ざることな

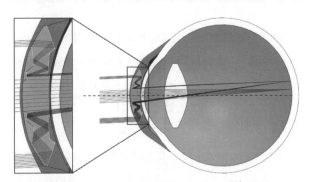

図 5.9　望遠コンタクトレンズの光学デザイン[25]。瞳孔の中心付近を通過する直線は等倍（1 倍）の光路を示し，瞳孔の周縁部を通過する折れ線は望遠（2.8 倍）の光路を示す。

5.3 視覚拡張　　139

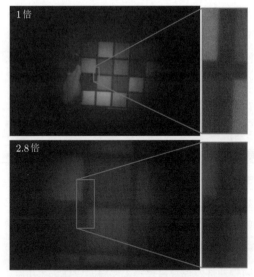

図 5.10　望遠コンタクトレンズの視界[25]。（上）等倍（1 倍）の視界，（下）望遠（2.8 倍）の視界。

く切り替わっていることがわかる。

Orloskyらは，柔軟にビデオシースルーHMDを再構成できるシステム，ModulARを提案している[26]）（**図 5.11**参照）。このシステムでは，複数種類のカメ

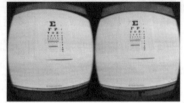

図 5.11　柔軟な再構成が可能なModulARシステム[26]。（左）広角と望遠のステレオカメラを備えたゴーグルの例，（右上）通常の視界，（右下）望遠の視界。

ラの併用，切り替え，ランタイムでの交換などをサポートしており，広角と望遠のカメラを切り替えることができるゴーグルなどを簡単に実現できる。例として示されている望遠ゴーグルでは，眼を細めたことをトリガとして，広角カメラの映像から望遠カメラの映像に滑らかに切り替えることにより，自身の視力が実際に向上したような感覚と効果を得ることができる。

### 5.3.2 視野角の拡張

草食動物のように振り向くことなく横や後ろまで見えると，捜し物や危険察知に便利かもしれない。人間の生物学的な視野角には限界があるが，複数のカメラを同時に用いたり，魚眼カメラや全方位カメラなどを用いることで，横や後ろも見えるゴーグルを構成できる。

Fan らは，人間の通常の視野角を超えて周囲の様子を知ることができるシステム，SpiderVision を提案している[27]（**図 5.12** 参照）。SpiderVision では，前方と後方の2つのカメラを用い，後方のカメラで検出された動きに応じて前方の視界を調整することで，前方の視界を把握しながら後方の様子にも気づけるようにしている。例えば，図 (a) では，前方と後方の視界がブレンドされて両方の様子が同時に見えている。図 (b) では，左右の視界のみが後方のものに入れ替わっており，バックミラーのような効果が得られている。図 (c) では，後方の視界中で移動物体がある方向が，前方の視界の中央に半透明の三角形として可視化されている。図 (d) では，後方の視界中で移動物体がある方向が，前方の視界の周辺に不透明の三角形として可視化されている。実験の結果，ユーザーはこれらの拡張された視野を効果的に認識でき，前方のタスクの妨げになることなく後方で起こっている活動にも反応できることが示されている。

一方，Orlosky らは，人間の視野角を超える超広視野の映像を水平方向に縮小することで，映像の連続性を保ちながら広範囲を一度に観察できるシステム，Fisheye Vision を提案している[28]。Fisheye Vision では，画角 238° の魚眼カメラを用いて，きわめて映像視野角が広いビデオシースルー HMD を構成している。HMD のディスプレイ本来の水平視野角約 90° のうち，鼻側の約 60° で

(a) 前方と後方の視界の混合　　(b) 周辺領域の後方視野への置換

(c) 中心領域への移動物体方向　(d) 周辺領域への移動物体方向
　　の可視化　　　　　　　　　　　の可視化

**図 5.12**　SpiderVision の可視化手法[27]

は歪みのない両眼立体視が行える。また，耳側の視野角約 30° では，魚眼カメラで得られる周辺視野の映像が圧縮して表示される。これらの境界は滑らかに接続されており，全体として水平視野角約 238° の範囲を一度に見渡すことができる。実験の結果，180° 程度までは視野内の情報を有効に受容できることが示されている。ただし，このように周辺視野を歪ませる方法では，視界に不自然さがあり，空間認知に影響を及ぼす可能性がある。

そこで，矢野らは普段は等倍で周囲を観察できるようにし，もの探しのために周囲を見回すなど，必要な場合にのみ映像視野角を拡大する動的視野拡張システムを提案している[29]（**図 5.13** 参照）。具体的には，視野を拡大して全体を縮小表示する手法（図 (a) 参照），首振り方向の視野を先読みして表示する手法（図 (b) 参照），草食動物のように両眼のそれぞれで耳側に少し視野を広げて表

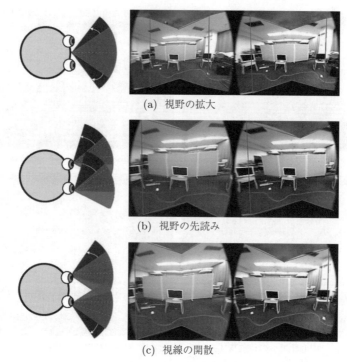

(a) 視野の拡大

(b) 視野の先読み

(c) 視線の開散

**図 5.13** 動的視野拡張システム[29]。(a) 視野を拡大して全体を縮小表示，(b) 首振り方向の視野を先読みして表示，(c) 耳側に少し視野を広げて表示。赤枠は標準の視野範囲。

示する手法（図 (c) 参照）の3つの視野拡張手法が提案されており，探索効率を向上させつつ，ほとんど違和感が生じないように調整が可能であることが実験から示されている。こうした視野角の拡張手法は，空間認知の歪み，距離感の喪失，VR 酔いなどの問題も伴うが，人間の可能性を拡げる興味深い事例といえる。

北崎らは，360°カメラと HMD を用いて実際の首振り角の2倍の回転方向の映像を表示することで，容易に広範囲を見回すことができるシステム，Owl-Vision を提案している[30]（**図 5.14**，**図 5.15** 参照）。このシステムを用いて10分間の探索タスクを実施したところ，首振り回転角の拡大を行った場合でもユーザビリティ評価は下がらず，実用性が高いことが示されている。

5.3 視覚拡張　　143

**図 5.14**　Owl-Vision の外観[30)]

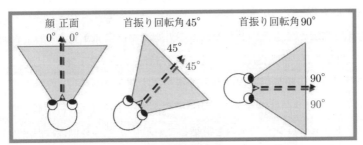

(a) 通常の見え方

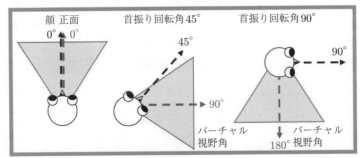

(b) Owl-Vision の見え方

**図 5.15**　Owl-Vision のしくみ[30)]。(a) 通常の見え方，(b) Owl-Vision の見え方。Owl-Vision では首振り角の 2 倍の方向を見ることができる。

人間の視野角を拡張するユニークな研究事例として，顔面への電気刺激によって通常の視野範囲外に**眼内閃光**（phosphene）を生じさせる試みがある。眼内閃光とは目を閉じて眼球を圧迫したときなどに見える白い光のことであり，秋

山らは，これを眼球周辺の皮膚に電極を配置し非侵襲的に電気刺激を行うことで人工的に生じさせている[31]。実験の結果，最大で水平方向に片側約120°，垂直方向に上下それぞれ約57°の方向で閃光が観察され，人間の視野角よりも広い範囲にわたって視覚刺激を提示できていることが示されている。こうした神経系に直接アプローチする方法により，人類がこれまでに体験したことがない新たなディスプレイを実現できる可能性がある。

### 5.3.3 可視波長の拡張

人間の可視波長はおおむね380～780 nmの範囲とされているが，それ以外の電磁波が見えると便利かもしれない。蛇は赤外線を感知でき，昆虫の多くは紫外線を見ることができる。われわれも赤外線や温度情報が見えれば，料理や健康管理，日常生活の危険回避，災害時の人命救助などに役立つかもしれない。紫外線が見えれば，服装の選択や外出計画などに役立つかもしれない。

Ericksonらは熱赤外線カメラと紫外線カメラをHoloLensに搭載した，マルチスペクトルビジョンシステムを構築している[32]。熱赤外画像は温度の高い順に白，黄，橙，赤，黒といった色で表示され，紫外画像はグレースケールで表示される。日常生活でマルチスペクトルビジョンシステムを利用することで，火傷の危険を回避したり，日焼け止めの塗布状態を確認したり，低照度環境下での人や動物の検出を行ったりするなど，健康管理や作業の効率化などに役立つ可能性が見出されている。一方で，プライバシーの侵害や，AR機器の装着によるコミュニケーションへの弊害など，倫理的・社会的な課題もあることが指摘されている。

一般に可視波長外の電磁波を見えるようにするためには，それらの情報を可視波長にマッピングする必要がある。つまり，どのようにマッピングしても本来の可視波長域を犠牲にする必要がある。可視光本来の色をできるだけ維持しつつ，可視波長外の電磁波も見えるようにするには，何らかの工夫が必要である。Orloskyらは，ビデオシースルーHMDと赤外線カメラを併用したVisMergeと呼ばれるシステムを開発し，可視光と赤外光を同時に可視化するいくつかの有

力なマッピング手法を見出している[33]）(**図 5.16** 参照）。視界の自然さや熱源の発見しやすさなどを指標としてさまざまな可視化手法を比較したところ（図(b)参照），ウェーブレット変換を用いて RGB と赤外線 I の 4 成分から新たな RGB を算出する手法や，I 成分の輝度を乱数で増減する手法などが高い評価を得た。

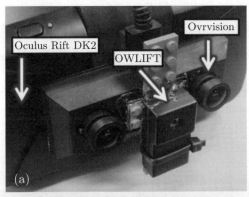

**図 5.16** 可視波長を拡張する VisMerge システム[33]）。(a) ゴーグルの外観。HMD として Oculus Rift DK2，ビデオシースルー用ステレオカメラとして Ovrvision，赤外線カメラとして OWLIFT を使用している。(b) 可視光と赤外光のさまざまな可視化手法。

### 5.3.4 動体視力・時間感覚の拡張

滑動性追従眼球運動は最大 $60°/s$ 程度であり，それ以上になると**サッケード** (saccade) を生じる。また，人間の視覚の時間分解能は 50〜100 ms といわれ

ており，それ以上の素早い変化は知覚できない．小泉らは，強誘電性液晶を用いた高速シャッタでゴーグルを構成し，これを高速で駆動することで動体視力を拡張する Stop Motion Goggle を提案している[34]（**図 5.17** 参照）．例えばシャッタを 25 Hz で駆動して，1 周期 40 ms のうち 1 ms だけ露光し，残りの時間はシャッタを閉じるといった制御をすることで，残像のない鮮明な視界が得られるようになる．図 (b) の露光時間が長い場合は高速で移動するランドルト環がぼけているのに対し，図 (c) の露光時間が短い場合は鮮明に見えている．

(a) ゴーグルの外観

(b) 露光時間が長い場合 　　　　(c) 露光時間が短い場合

**図 5.17**　動体視力を拡張するゴーグル，Stop Motion Goggle[34]

また，Tao らは高速度カメラや距離センサで捉えた 3 次元の事象を HMD 越しに実物大でスロー再生できる 4D AR システムを提案している[35]．このようなシステムを用いれば，素早い動きを伴うスポーツや舞踊の訓練，料理や手品の学習などが容易になるかもしれない．また，伊藤らはスポーツ訓練などへの応用を想定して，移動物体の予測軌道を HMD に提示するシステム，Laplacian Vision を提案している[36]（**図 5.18** 参照）．

5.3 視 覚 拡 張　　147

**図 5.18**　移動体の運動予測結果をリアルタイムに HMD に表示することで，人の予測能力を補助するコンセプト，Laplacian Vision[36]）。この例では，左上の白いボールが右下に向かって落下しつつあり，将来の落下と跳ね返りの様子が予測されて可視化されている。

### 5.3.5　視 点 の 拡 張

いま自分はこの場所にいてこの視点から世界を見ている，という自己位置感覚は，現実感の重要な要素である。VR であれば自由自在に視点を変更できるが，AR など現実世界をベースとしたシステムではそうはいかない。

樋口らはドローンなどの Unmanned Aerial Vehicle（UAV）を直感的に操縦する目的で，UAV を操作者の頭部運動に連動させる制御機構，Flying Head を提案している[37]（**図 5.19** 参照）。例えば，操作者自身が姿勢を低くしたり左右を見回す動作をすることで，UAV の位置を低くしたり左右に旋回させることができる。操作者は UAV に搭載されたカメラの映像を HMD で見ながら制御するため，まるで自身が UAV に乗り移ったように直感的に操縦することができる。実験の結果，Flying Head による操縦はジョイスティックによる操縦に比べて効率的で正確であり，操作者に好まれることが示されている。このようなシステムにより，自分の身体から抜け出したような感覚を提供することができる。自身の姿勢を客観的に観察できるため，スポーツトレーニングやリハビリテーションなどに利用できる可能性もある。

148    5. ヘッドマウントディスプレイによる視覚の解放

図 5.19　Flying Head のコンセプト[37]。UAV が操作者の動作に連動するため，UAV を直感的に操縦できる。

　UAV を用いるのではなく，Visual SLAM†などで実環境を再構築した 3 次元モデルとビデオシースルー HMD を用いても，自由自在に視点移動が可能なシステムを構成できる。これにより，普段は等倍で周囲が肉眼同様に観察でき，視点移動すると同時にビデオ映像を用いる AR から，実物大の 3 次元モデルを用いる VR に滑らかに表示を切り替えることで，あたかも自分の立ち位置が変化したかのような視覚効果を作ることができる。例えば，Mori らが開発したシステムでは，眼の前の部屋に配置したバーチャル家具のレイアウトを吟味するために，部屋の上空から全体の様子を見下ろすといったことが可能である[38]（図 5.20 参照）。VR では視点移動が自由すぎて，満足する視点をなかなか選べないといった問題が生じやすいが，このシステムには全体の様子を把握するのに最適な視点を自動的に選択し移動してくれる機能も備わっている。

---

†　画像を用いて自己位置推定と環境地図作成を同時に行う技術。SLAM は Simultaneous Localization and Mapping の略。

5.3 視覚拡張　149

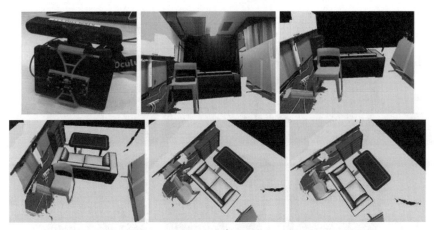

**図 5.20**　柔軟な視点移動が可能なシステム[38]。(左上) RGB-D カメラを搭載したビデオシースルー HMD, (中央上) 実物とバーチャルの家具が混在するビデオシースルーの視界, (右上・左下・中央下・右下) 3 次元再構築モデルを用いた滑らかな視点移動。実際に移動することなく, 俯瞰視点でレイアウトを確認できる。

### 5.3.6　視覚シミュレーション

　視覚の再設計技術は視覚機能を向上させるものが多いが, 視覚障害を体験する目的にも利用できる。5.1 節で述べたように, このようなシステムは他者の見え方を理解し, 社会を改善するヒントを得るために有益である。SIMVIZ[3] (**図 5.21** 参照) や OpenVisSim[39] のように, それらの多くはビデオシースルー HMD やクローズド HMD を用いて構成されており, 多種多様な視覚障害をリアルに体験することができる。

　一方, Zhang らの視覚障害シミュレーションシステムは, 一部の視覚障害に特化することで, 光学シースルーで実現されている[40] (**図 5.22** 参照)。このシステムでは, 透過型液晶マトリクスとアイトラッカを組み合わせることで, さまざまな視野の欠損を再現できる。ビデオシースルー HMD を用いる場合に比べて, 実環境の見え方が自然で, 日常環境での使用に適するとされており, 実際に障害の理解に役立った例が報告されている。

150    5. ヘッドマウントディスプレイによる視覚の解放

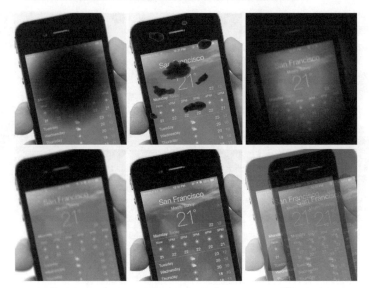

図 5.21 SIMVIZ による視覚障害シミュレーションの例[3]）。（左上）黄斑変性，（中央上）糖尿病性網膜症，（右上）緑内障，（左下）白内障，（中央下）色盲，（右下）複視。

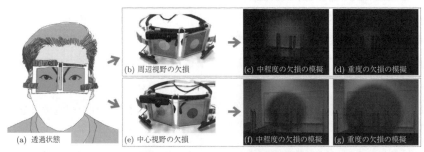

図 5.22 Zhang らによる視覚障害シミュレーションシステム[40]）。(a) は透過状態であり，(b) は周辺視野が欠損した場合を再現する HMD の外観である。(c) および (d) はそれぞれ，中程度および重度の周辺視野欠損のユーザー視点の様子である。(e) は中心視野が欠損した場合を再現する HMD の外観であり，(f) および (g) はそれぞれ，中程度および重度の中心視野欠損のユーザー視点の様子である。

　視覚シミュレーションのユニークな例として，動物のような人間以外の視覚を体験する VR システムも提案されている。春日らは小中学生向けの科学教育イベント「アニマルめがねラボ」を開催し，HMD を通して動物の視覚を体験

してもらうことで，科学への興味を引き出すことに成功している[41]。参加した子どもたちは，「リクガメとヌマガメの視力」，「イヌとネコの色覚」，「ヤモリとカエルの動体視力」の3種類の体験を通して多様性に富む生き物の視覚を学習し，さらなる学習への意欲や動物への関心を得ることができた。

### 5.3.7 視覚的ノイズの軽減

視界を変調する事例の中でも，視界の煩わしさ，すなわち「視覚的ノイズ」の軽減を目的とした研究は多い。人間の視覚には，周辺よりも明るい，鮮やかである，動きがある，といった領域に注意が向く性質がある。Koshi らによる Augmented Concentration は，このような**視覚的顕著性**（visual saliency）の高い領域を見づらく，あるいは見えなくすることで，作業に集中しやすくすることを目的としている[42]。このシステムでは，ビデオシースルーで見えている視界のうち，目下の作業に関係のない領域をボカしたりグレースケールで表示したりすることで，計算タスクのパフォーマンスが向上することが報告されている。

同様の目的で，横路らは個々の実物体の見え方をユーザーが自ら調節して，半透明にしたりワイヤフレームで表示できるシステム，DecluttAR を提案している[43]（**図 5.23** 参照）。実験の結果，不要な実物体が透過的に表示されることで，計算タスクのパフォーマンスが向上し，作業負荷も軽減することが示されている。

Hong らは，こうしたさまざまな視覚的ノイズ軽減手法を総合的に議論している[44]。彼らはまず，多くの参加者による自由討論を経て視覚的ノイズについて約 120 のシナリオと約 30 のカテゴリを抽出した。また，抽出されたカテゴリを踏まえて，寒色から暖色への変換，高輝度から低輝度への変換，点滅光から定常光への変換，周辺視野の視覚的顕著性の低減，という4種類の試作システムを開発した。実験の結果，これらの視覚的ノイズ軽減手法は，不快感を軽減し視覚的体験の質を向上させる可能性があることが示されている。

**図 5.23** 実物体ごとの見え方をユーザーが調節することで視覚的ノイズを軽減するシステム，DecluttAR[43]。（左上）通常の見え方，（右上）グレースケール，（左下）透明，（右下）ワイヤフレーム。

### 5.3.8 視界の多様な変調・置換

　これまでに紹介した事例以外に，ヘッドマウントデバイスを用いて視界を変調したり，視界の一部を別の物に置換したりする，じつにさまざまな事例が報告されている。例えば，中野らは食品の見た目をニューラルネットワークで別の食品のものに変換することで風味を変化させるシステム，DeepTaste を提案している[45]。**図 5.24** において，図 (a) は図 (b) に示すユーザーが実際に食べている食品であり，図 (c) は DeepTaste により変換された食品である。上段ではそうめんがラーメンやソース焼きそばに，下段では白飯がカレーライスや焼き飯に変換されている。中野らは，このような映像変換を行うことで，実際の食品の風味が弱まり，見た目の食品の風味が強く感じられることを見出している。こうした研究によって，日常生活のさまざまな場面の QOL を改善できるようになるかもしれない。

　また，Kari らは，自動車などの実環境の物体を認識し，その位置や向きを考

5.3 視覚拡張　153

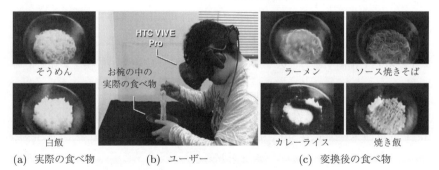

(a) 実際の食べ物　　(b) ユーザー　　(c) 変換後の食べ物

**図 5.24**　映像変換による味覚変調システム DeepTaste[45]

慮してリアルタイムに別の物体に置換できる AR システム，TransforMR を提案している[46]（**図 5.25** 参照）。TransforMR では，まず対象とする実物体（例えば自動車）ごとに，位置や向き，画像領域などを推定し，対応する領域をイ

**図 5.25**　TransforMR の物体置換の例[46]。閑静な街路（上段），歩行者区域（中段），交差点（下段）のそれぞれについて，置換前のシーン中の自動車と人物（最左列）が SF（2列目），ハロウィン（3列目），動物（最右列）の 3 つのテーマに沿って置換されている。

ンペインティング処理することで実物体を消去する。つぎに，あらかじめ用意しておいた3次元モデル（例えばカボチャの馬車）をもとの実物体の位置や向きを維持して描画する。この一連の処理によって，実物体の置換を実現している。また，負荷の高い処理をサーバに任せることで，低スペックなタブレットなどのデバイスでもリアルタイムに動作する。いわゆる人工知能（AI, artificial intelligence）の発展に伴って，目的に合わせて視界を自在に作り替える技術は，今後もますます発展していくと考えられる。

Virtual Reality Library

# 第6章 ヘッドマウントディスプレイと多感覚情報提示

前章までで，視覚提示に関わるさまざまな HMD のしくみや研究事例を見てきた．視覚に加えて他の感覚にも作用することができれば，バーチャルリアリティ体験の臨場感，没入感はさらに向上する．そのため，バーチャルリアリティ研究では，さまざまな多感覚（マルチモーダル）情報提示装置が研究されてきた．通常，多感覚情報提示のためのディスプレイ（ここでディスプレイは視覚を対象としたものだけではなく，さまざまな感覚を提示する装置を指す）は，視覚提示のための HMD とは独立して設計，開発され，環境に設置されたり，手で把持する道具として用いられることが多い．しかし，ユーザーに追加の負担なくリアリティの高い体験を提示したいという要求を考慮すると，そのような装置の装着や使用の手間をできるだけ減らすことが望ましい．このような観点では，没入感ある視覚提示を可能にする HMD を拡張して，そのフォームファクタを活用しながら視聴覚以外の感覚情報を提示できる手法に優位性がある．そこで 6.1 節では，ヘッドマウント型のフォームファクタを活用して，体性感覚や嗅覚などの感覚提示を直接的に行う手法について取り上げる．

他方，多感覚情報提示を実現する手法として，**感覚間相互作用**を活用するアプローチが注目を集めている．感覚間相互作用とは，ある感覚における知覚が，同時に提示された他の感覚に対する刺激の影響を受けて変化する錯覚現象を指し，**クロスモーダル**とも呼ばれる．また，その結果として変化した知覚を，クロスモーダル知覚という．クロスモーダル知覚を利用すると，従来のアプローチでは提示できなかった感覚情報を提示したり，より簡潔なしくみで複雑な感覚情報を提示したりすることが可能になる．特に視覚情報は多くの場合他の感

覚より優位に働くことが知られており，多感覚情報を提示するために HMD による視覚提示を活用する手法が多数提案されてきた。そこで6.2節では，HMDで提示される視覚情報によってクロスモーダル知覚を生起させ，さまざまな感覚提示を行う手法について取り上げる。

## 6.1 ヘッドマウントマルチモーダルディスプレイ

人間の感覚は特殊感覚，体性感覚，内臓感覚の3つに大別される。これらの感覚について**図 6.1** にまとめる。

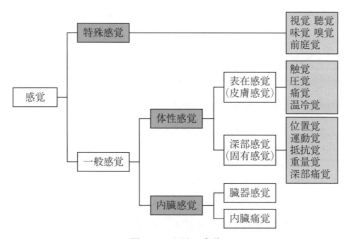

図 6.1　人間の感覚

**特殊感覚**とは，身体の特定の場所に配置された固有の感覚受容器を通じて外界から刺激を受け取ることで感じられる感覚であり，視覚，聴覚，味覚，嗅覚，前庭覚が含まれる。視覚には目，聴覚には耳，味覚には舌，嗅覚には鼻，前庭覚には前庭器官が，それぞれ対応する感覚受容器として存在する。それ以外の感覚は**一般感覚**と呼ばれ，全身に偏在した受容器を通じて感じられる。

一般感覚は，大別して皮膚や筋肉の状態を知るための**体性感覚**と，内臓の状態を知るための**内臓感覚**に分けられる。さらに体性感覚は，**表在感覚**と**深部感**

覚に分けられる．表在感覚は皮膚感覚とも呼ばれ，皮膚表面で感じられる触覚，圧覚，痛覚，温冷覚などを含む．深部感覚は，固有感覚あるいは自己受容感覚とも呼ばれる．筋肉や腱，関節などにある感覚受容器で感知される感覚であり，関節の位置・姿勢を知るための位置覚や，運動の状態を知るための運動覚を含む．内臓感覚は，臓器感覚と内臓痛覚に分けられる．臓器感覚は空腹感，のどの渇き，尿意など，臓器が物理的・化学的に刺激されることによって生じる感覚である．一方，内臓痛覚は，内臓の炎症などによって生じる痛みである．

　こうして俯瞰してみると，特殊感覚に対応した感覚受容器は頭部に集中していることがわかるだろう．HMDが目という感覚受容器を狙ったフォームファクタになっているように，他の特殊感覚を提示するディスプレイも，頭部に対して刺激を提示するために類似のフォームファクタになっているものが多い．表在感覚や深部感覚を提示するディスプレイは，触力覚[†]刺激に鋭敏であること，物体の操作などに応じた感覚提示を行うことなどを考慮して，手を対象としたものが多い．しかし，表在感覚，深部感覚は全身で感じられるものであるため，感覚提示を頭部に対して行うディスプレイも開発されており，これらの提示はHMDによる視覚提示とあわせて行うことで，体験のリアリティを高められたり，全身の体験として解釈されたりすることが知られている．そのため，HMDのフォームファクタを維持したまま頭部に表在感覚，深部感覚を提示するシステムが開発されてきた．

　そこで以下では，頭部搭載という形態を採用した多感覚情報提示装置として，深部感覚，表在感覚，前庭覚，嗅覚を提示するディスプレイの事例をそれぞれ紹介していく．なお，聴覚に関しては，市販のHMDでもイヤホンやヘッドホンが内蔵されていたり，それらと一緒に使えるようになっているものがほとんどであるため，ここでは扱わないこととする．また，味覚や内臓感覚についてはほとんど事例がないため，ここでは紹介しない．

---

[†] 触覚と力覚をあわせた感覚。ハプティクス（haptics）。

### 6.1.1 深部感覚

HMDでは，ユーザーの頭部の位置や姿勢を計測し，それに応じた映像を提示することで没入感が得られる．一方で，実際の頭部位置や姿勢とずれた映像を提示した場合には，必ずしもユーザーがそれに合わせて頭を動かすとは限らない．このずれは違和感や酔いの原因となり，没入感を阻害する．しかし，バーチャル環境で乗り物に乗って移動する場合や，外界や物体とのインタラクションを行う場合など，頭部に力がかかるようなケースでは，頭部の位置や姿勢の変化を表現する必要がある．そのような場合に頭部の位置や姿勢が変化した映像を見せても違和感を生じさせないために，バーチャル環境でのインタラクションに応じて頭部に外力を加え，実際に頭部の位置・姿勢を変化させるしくみが開発されている．

例えば，Kinesthetic HMD[1]では，アーム型の力覚フィードバック装置とHMDを接続し，ユーザーの頭部全体に外力を与える方法が提案されている．このしくみによってバーチャル空間での移動に合わせて頭部を揺動させることで，バーチャル空間での**自己運動感覚**を増強でき，視覚のみを提示する場合に比べて，より鮮明でリアルな自己運動感覚を誘発することに成功している．しかし，ここで用いられている力覚フィードバック装置は接地が必要な大掛かりなもので，ユーザーの自由な頭部運動を阻害する．また，意図せず強い力が提示された場合などには，頚椎を損傷するリスクなども考えられる．

そこで，より簡便な方法として，頭部搭載型のデバイス単体でユーザーの頭部の姿勢に作用する試みがなされている．その1つの方式として，HMDにファンやエアジェット噴射装置（細いノズルから空気流を噴射する装置）を取り付けるものがある．例えば，HMDのディスプレイ面の周囲に4つのダクテッドファンを取り付けた研究例では，各ファンを制御することで前後方向の推力提示と，ヨー方向（方位方向）およびピッチ方向（上下方向）の頭部回転の提示を可能にしており，これを活用した頭部への力覚フィードバックを行うことで，視覚と深部感覚の整合性が向上し，VR酔いの軽減にも繋がることが示されている[2]．ただし，ファンを用いる方法には，騒音が発生し没入感を阻害する可能性があることや，力覚フィードバックの遅延が大きいという課題も残る．HeadBlaster[3]

では，HMD 上に 6 つのエアジェット噴射装置をそれぞれ異なる向きに設置し，空気流の噴射によって頭部に力覚フィードバックを与えている．これを用いた研究でも，自己運動感覚が向上し，没入感が高まることが示されている．エアジェットはファンで気流を発生させる方法に比べて遅延が少なく，より強い力を提示できるものの，完全にウェアラブルにするためには小型のエアタンクに格納された圧縮空気を用いる必要があり，使用できる回数に制限がある．また，依然として騒音が生じるという課題は残る．

非接地で力を発生させる方法として，ジャイロモーメントに着目したシステムも提案されている．ジャイロモーメントは，高速な回転体に対して自転軸の方向を変える回転運動を加えると，回転体の自転軸を保つ方向に発生するモーメントである．これを利用すると，頭部に高速に回転する金属板（フライホイール）などを取り付け，その向きを制御することで適切なタイミングで頭部に回転力を与えることができる．GyroVR[4] は，HMD にフライホイールを取り付けることで，飛行，潜水，宇宙空間での浮遊など，通常とは異なる慣性が発生する環境での運動をシミュレーションすることを狙ったシステムである．フライホイールを HMD の前面や背面に取り付けた場合の効果の検証から，前面に取り付けたほうが没入感が高まることが示されている．浅田らは，HMD に 2 つのフライホイールを取り付けて力覚フィードバックを返すことで，ユーザー自身がカブトムシになり他のカブトムシと角をぶつけ合って対決する体験を楽しめる VR コンテンツ「かぶとりふと」を発表している[5]（**図 6.2** 参照）．

**図 6.2**　かぶとりふと[5]

## 6. ヘッドマウントディスプレイと多感覚情報提示

橋本らは，複数のフライホイールを組み合わせて制御することで運動状態に応じてトルクを変化させるシステムを利用し，手に把持している物体の形状や慣性，粘性を異なるものとして知覚させることが可能な VR コントローラを実現した[6]。橋本らはさらに，このシステムを応用し，小型のフライホイールを身体に取り付けることで，体が素早く動かせる，あるいは体が重く感じるというように，身体の特性が変わって感じられるシステムを開発した[7]。このシステムは HMD との組合せを前提とはしていないが，ジャイロモーメントを活用することで，環境側から身体に働き掛ける力をシミュレーションできるだけではなく，ユーザーに身体特性の変化を感じさせることも可能になることを示しており，HMD を通じて多様なアバターを使用する際のリアリティを高めることに貢献すると考えられる。

非接地で力を発生させる方法として，ゴムなどの弾性材を圧縮して解放することで撃力（衝撃力）を発生させるしくみもよく用いられている。このしくみを HMD と組み合わせて活用したものとして ElastImpact がある[8]（図 6.3 参照）。ElastImpact は，頭部の両側面と HMD の前方に置かれた計 3 つの衝撃提示装置から構成される。各衝撃提示装置では，メカニカルブレーキで片端を押さえたゴムバンドをモータで巻き取って伸張させ，適切なタイミングでブレーキを解除することで，ゴムがもとに戻る際に生じる力を撃力として提示するこ

図 6.3　ElastImpact[8]

とができる。HMDの前方の衝撃提示装置は，向きを制御できる装置の上に取り付けられており，顔面の接線方向で任意の向きの衝撃力を提示する。頭部の両側面の衝撃提示装置は，顔面の法線方向で顔面に向かう向きの衝撃力を提示する。これらを組み合わせることで2.5次元の衝撃を提示し，ボクシングやサッカーのPK戦などのVRコンテンツの臨場感を向上させることができる。

　頭部に回旋方向の外力を実際に与えることなく頭部回転を誘発するユニークな試みとして，**ハンガー反射**を活用するものがある。ハンガー反射とは，身体上の対抗する皮膚に対して適切な圧力分布を加えると，その身体部位が意図せず回転してしまう現象である。もともとは針金ハンガーを頭にかぶったときに頭部が回転してしまう現象から名づけられ，その後，頭部だけではなく，手首や胴などさまざまな身体部位でも同様の回転運動の誘発が起こることが示されている。ハンガー反射を引き起こすデバイスをHMDに組み込んだものとしてHangerOVERがある[9]（図6.4参照）。HangerOVERは，内圧を制御できる4つのバルーンで頭部を圧迫することで，VRコンテンツに応じた頭部回転を誘発する。例えば，ジェットコースターの映像に合わせて頭部を揺さぶるといったフィードバックを行うことで，VRコンテンツのリアリティが高められる。また，HangerOVERでは，バルーンの圧迫を頭部回転の誘発以外にも触覚，圧覚，振動の3種類の触覚提示にも活用でき，うまく使うことで多様な触覚体験を提供できる。

**図6.4**　（左）HangerOVER[9]の制御ユニット，（右）装着の様子

### 6.1.2 表在感覚

表在感覚のうち振動感覚に着目し，HMD に振動子を内蔵することで，VR コンテンツに応じた触覚情報や，ナビゲーションなどに有益な情報を提示することが試みられてきた。振動子を使った触覚提示は安価に実現でき，また使用方法によっては効果的に体験の質を高めることができる。ただし，頭部に加えられる振動の弁別に対する感度は悪いため，多くの手法では振動子は粗く配置されており，空間解像度が低い情報しか提示できないものがほとんどである。他方，Oliveira らは，振動子を内蔵した HMD を用いて，振動位置によって水平方向の 2 次元情報を識別させるだけではなく，振動の周波数を合わせて使用することで上下方向を含む 3 次元情報を識別させることができることを示している[10]。ただし，こうした手法は，バーチャル環境において触れたものの特性や方向といった情報を特定の振動パラメータに変換して提示するものであり，記号的な情報提示であるという点には留意する必要がある。

表在感覚のうち皮膚にかかる圧力やせん断力に着目した研究では，HMD を通じて顔面に力をかけることで衝撃力や空気・水などの流れ，移動に伴う慣性を感じさせる手法が探索されてきた。

例えば，モータを用いて顔の両側面にあるパーツを動かして HMD を固定するベルトを巻き取ることで（図 6.5 (a) 参照），ユーザーの顔を圧迫して圧覚を提示

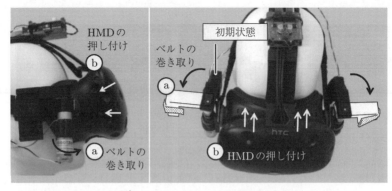

図 6.5　FacePush[11] のしくみ。モータの回転により HMD を固定するベルトが巻き取られ，HMD が顔面方向に押し付けられる。

する（図 (b) 参照）システムとして，FacePush が提案されている[11]。左だけ，右だけ，あるいは左右同時に顔面を圧迫することで，指向性のある圧迫刺激を提示できる。これを活用すると，ボクシングにおける殴られた衝撃やダイビングにおける水の流れを感じさせることや，バーチャル空間のナビゲーションが可能になる。

HMD 内部の目の周囲に微弱なエアジェットを噴射することで，皮膚に圧覚を提示するシステムとして，Skin-Stroke Display が提案されている[12]（**図 6.6** 参照）。HMD のレンズの外周に沿ってリング状に回転するパーツによってエアジェットが噴射される地点が定められ，目の周囲の任意の位置にエアジェットを噴射することができる。このしくみを用いて，例えば化粧のように，顔面に触れながら行う体験のリアリティを高めたり，視野外の情報を触覚を通じて伝えたりする手法が検討されている。

**図 6.6** Skin-Stroke Display[12]

皮膚にせん断力を提示することで，バーチャル空間での顔の触覚情報や移動に伴う慣性を提示する手法として，Masque がある[13]。Masque は，2 自由度で水平移動が可能なゲルパッドが 6 つ内蔵された HMD であり，ゲルパッドを通じて皮膚にせん断力を提示することで，バーチャル空間での顔の触覚情報や移動に伴う慣性を提示できる。この手法では複雑な触覚を提示できるが，提示可能な触覚の細かさはゲルパッドの大きさに依存する。

圧覚やせん断力提示のために可動機構を用いると，機構の運動に伴って HMD がずれてしまうという問題が起こる。この問題に対して，亀岡らは吸引刺激による圧覚提示を活用する Haptopus を提案した[14],[15]（**図 6.7** 参照）。皮膚は変形

164   6. ヘッドマウントディスプレイと多感覚情報提示

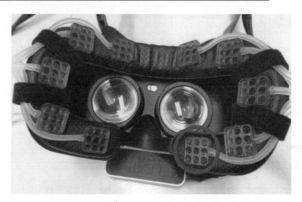

図 6.7　Haptopus[14]。赤丸部分が小型の吸引機構になっている。

の大きさには敏感であるが，変形の方向には鈍感である。この特性を利用して，適切に皮膚を吸引すると人は圧迫と錯覚することが知られている[16]。Haptopusでは，HMD に内蔵された小型吸引機構を用いて，眼の周囲の皮膚を吸引し，顔面に細かい圧覚を提示する。この手法は，バーチャル空間における顔への圧覚や移動に伴う慣性の提示だけではなく，バーチャル空間において手で触れたものの触覚を顔面に代理提示することで物体の硬軟感を伝えるといったことにも使用されている。

　表在感覚のうち，温冷覚を提示する手法の研究として，ThermoVR がある[17]。ThermoVR では，眼の周囲を取り囲むように 5 つの温冷覚フィードバックモジュールが配置され（図 6.8 (a) 参照），ユーザーの顔に温冷覚を提示する（図 (b) 参照）。通常，温冷覚フィードバックには電気的に温度を制御できるペルチェ素子が用いられるが，ペルチェ素子は温度変化に時間がかかるため，多大な時間遅れが生じるという問題がある。ThermoVR の各温冷覚フィードバックモジュールには 4 つのペルチェ素子が用いられており，佐藤らの方法[18]に従ってつねに温かい状態のペルチェとつねに冷たい状態のペルチェを交互に配置し（例えば図 6.8 (c) 中の T1 と T2 を温め，T3 と T4 を冷やす），提示したい温度に合わせて温かいペルチェをさらに温める，あるいは冷たいペルチェをさらに冷やすという制御を行うことで，知覚的には急速な温度変化を提示できるよ

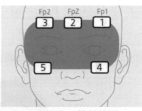

(b) 顔との接触位置

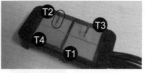

(a) ThermoVR　　　　　　(c) 熱モジュール

**図 6.8**　ThermoVR[17] のプロトタイプ

うにしている．このシステムを用いて，バーチャル環境の気温や，インタラクションに伴う温度変化（火や氷に近づくなど）を提示することで，VRへの没入感が高まることが報告されている．

少し視点が異なる手法として，鉾山らは湿度制御によって蒸し暑さを提示するHMDを提案した[19]．この研究では，頬，首，手首のうち頬が最も湿度変化に敏感であることを明らかにし，HMDを装着するユーザーの頬に高湿度の気流を接触させることで，バーチャル環境の空気感を伝えてリアリティを高められることが示されている．

触覚の提示は，一般に振動子やペルチェ素子などを用い，機械的あるいは物理的に実際に体表面を刺激することで実現される．しかし，機械的・物理的な提示を行うためには相応のデバイスが必要となるため，それらをHMDに組み込む上では，重量，消費電力，耐久性などの制約を考慮する必要が出てくる．この問題に対し，化学的な刺激を用いて触覚を提示するChemical Hapticsという新たな触覚提示方式も提案されている[20]．Chemical Hapticsでは，皮膚の受容体を化学的に活性化させる液状の物質を安全な量だけ皮膚に接触させ，ピリピリ感（サンショール），しびれ感（リドカイン），チクチク感（シンナムアルデヒド），温感（カプサイシン），冷感（メントール）などのさまざまな触覚

を持続的に提示する．Lu らは，この方式を HMD と併用して皮膚感覚の提示ができるシステムを設計し（**図 6.9** 参照），コンパクトなデバイスの追加によって，より高い没入感が得られる VR 体験を実現している．

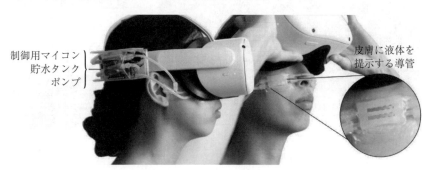

**図 6.9** Chemical Haptics[20]

ユニークな皮膚感覚提示の応用事例として，吉田らは目の近くで水滴を放出する眼鏡型の装置「涙眼鏡」を提案している[21]（**図 6.10** 参照）．放出された水滴は頬を伝って流れ落ち，本物の涙が流れたときに近い触覚情報を顔面に与える．この触覚情報を通じて，装着者が涙を流したと知覚することで，涙と紐付いた感情を生起させることができる．実験では，このデバイスを装着して感情的にニュートラルな画像を見せると，悲しい画像として評定されることが示されている．また，こうした効果は装着者だけではなく，装着者の周囲にいる人にも起こることが示されている．これは情動伝染，すなわち他者の感情表現の

**図 6.10** 涙眼鏡[21]

観測を通して無意識のうちに感情が周囲に伝わっていく現象である。HMDを含む多くのVRシステムは，装着者自身への効果を狙って設計されているが，他者への効果を積極的に活用するという観点は，VRシステムや多感覚情報の提示を考える上でも重要になっていくだろう．

### 6.1.3　前庭覚

　前庭覚は，重力や体の傾き，加速度を検知する感覚である．VR酔いの原因は，多くの場合視覚で得られるバーチャル空間の移動情報と実際の前庭覚との間のずれによって生じると考えられており，前庭覚を提示することはVR酔いの軽減に繋がるとして，さまざまな研究がなされてきた．前庭覚を提示する直接的な手法は，モーションプラットフォームである．人が乗り込んだ台自体の傾きを制御することで傾斜感覚や加速度感覚を提示するモーションプラットフォームは前庭覚の提示に有効であり，アトラクションなどでは盛んに活用されている一方で，一般的に活用するにはシステムが巨大でコストも高い．

　このような問題への対応として，**前庭電気刺激**[†]（**GVS**, galvanic vestibular stimulation）を用いて加速度感覚を提示する手法が提案されている[22]．GVSとは，乳様突起に取り付けた電極から数mAの微弱な電流を通電することによって，前庭器官に電流を作用させ，加速度が発生したときと同様の感覚を生じさせる手法である．この刺激は，身体を平衡に保とうとする起立反射や，視界を平衡に保とうとする眼球の回旋運動を引き起こすため，GVSは平衡感覚機能のテストなどに活用されてきた．これをVRに応用すると，電極の装着のみで加速度感覚を提示することができ，映像との同期も容易であるため，**図6.11**のような簡便なシステムで，効果的なVR体験を生成できる平衡感覚インタフェースを実現できる．例えばカーレーシングシミュレータで，このインタフェースを用いて車にかかる加速度に比例した刺激電流をユーザーに与えると，臨場感が向上することが確認されている．また，360度映像を視聴する際に，カメラの3軸周りの回転にマッチしたGVSを前庭器官に与えることで，VRユーザー

---

[†] 詳しくは，バーチャルリアリティ学ライブラリ2『神経刺激インタフェース』を参照．

6. ヘッドマウントディスプレイと多感覚情報提示

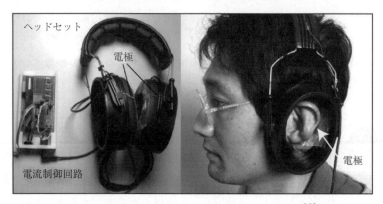

**図 6.11** GVS を利用した平衡感覚インタフェース[22]

の酔いや不快感が大幅に軽減され，より快適な没入体験を実現できることも示されている[23]。

　他方，GVS に直流電流ではなく，微弱なノイズ電流を利用する noisy GVS（nGVS）も注目を集め始めている。理学療法などの分野では，適切な強度でnGVS を行うと，前庭知覚や前庭脊髄反射などの前庭覚が関与する機能が回復することが示されている。これは，nGVS が確率共鳴（感覚閾値下の機械的あるいは電気的ノイズを感覚器に入力することで，外界から入力される感覚情報の一部が増幅され，知覚されやすくなる現象）を起こすためと考えられる。一方で，確率共鳴が起こらないような nGVS を行うと，前庭覚にノイズが含まれることになるため，多感覚統合において前庭覚の影響が低下する。そのため，適切な刺激パラメータの nGVS を行うことで，VR 酔いを軽減することができる[24]。また，後述する**リダイレクテッドウォーキング**において nGVS を行うと，より強く視覚に依存した自己運動感覚を生起させることができると報告されている[25]。

　nGVS ではなく，振動刺激によって前庭覚にノイズを加えることで，自己運動感覚の増強や VR 酔いの軽減を図る試みもなされている。近藤らは，乳様突起に骨伝導振動刺激を与えると，自己運動感覚の強度が増大し，**ベクション**の持続時間が延長されること，特に 500 Hz の振動刺激が有効であることを報告し

た[26), 27)]。

　Weechらは，骨伝導振動刺激によって前庭系にノイズを与えることで，VR酔いの症状を軽減できることを明らかにしている[28)]。酔いの軽減効果は，バーチャル空間で能動的に運動する場合と受動的に運動する場合のいずれにおいても得られ，両者に差は見られなかった。Liuらは，左右2つのパッド付きアームを用いて，VR内のユーザーの足音に同期して頭部を軽くタップするPhantomLegsを提案している[29)]。実験の結果，快適性を維持しつつVR酔いを大幅に軽減できることが確認されている。同様に，Pengらは耳の後ろに振動触覚を提示することで，VRの歩行体験中のVR酔いや不快感が軽減されるとともに，臨場感が向上することを明らかにしている[30)]。こうした耳の後ろへの振動刺激も，基本的にはnGVSと同様に，前庭覚にノイズを混入させてVR酔いを軽減する働きを持つと考えられる。

### 6.1.4　嗅　　　覚

　嗅覚は，鼻の粘膜上の嗅上皮と呼ばれる領域にある嗅覚受容器が，化学物質により刺激されることで生じる感覚である。視覚の場合，赤，青，緑の3種の波長の光を混ぜ合わせるとさまざまな色を表現できることが知られており，これらの色は3原色と呼ばれている。対して，嗅覚では原臭に当たる物質は存在せず，複数の香料を混ぜ合わせることで任意の匂いを合成して提示することは難しい。また，一度出した匂い刺激は消すことはできず，しばらく空間に残留してしまう。そのため，バーチャルリアリティにおいて多様な匂いを表現する上では，出したい匂いに対応した香料をあらかじめ用意しておき，それをいかに適切な濃度で効率的に鼻に届けるか，いかに匂いを残留させないようにするかが，おもに検討されてきた。これまでに提案されたバーチャルリアリティ向けの嗅覚提示装置（嗅覚ディスプレイ）は，おもにプロジェクション型とウェアラブル型の2種類に大別できる。

　プロジェクション型の嗅覚ディスプレイは，環境に装置を設置し，環境や人に

向けて匂いのついた空気を放出することで匂いを提示する。プロジェクション型はユーザーにデバイスを装着する必要がないため，ユーザーの身体的負荷が軽いという特徴があるものの，匂い提示の有無や強度を制御することは一般に難しい。例えば，香料を気化あるいは噴霧して部屋に匂いを充満させるアロマディフューザもこの分類に含まれるが，VRコンテンツに応じてフィードバックすべき匂いが変化する場合には利用できない。

こうした制約を打破するものとして，柳田らは，匂いの時空間的な制御が可能な空気砲の原理を用いたプロジェクション型の嗅覚ディスプレイを開発した[31]（図 6.12 参照）。円形開口を持つ容器の一部を瞬間的に変形させて開口部から射出した空気は，ドーナツ状の渦輪を形成して安定して飛行する。空気砲は，この現象を発生させる装置である。渦輪は射出時に開口部付近に存在した空気によって構成されるため，空気砲の開口部付近に匂い物質を充満させておくことで，匂い物質を渦輪内に閉じ込めたまま狙った場所に届けることができる。ユーザーの顔をトラッキングした上で，この装置を用いて顔に向けて匂い付きの渦輪を射出することで，VRコンテンツに合った適切なタイミングでの匂い

図 6.12　プロジェクション型の嗅覚ディスプレイ[31]

提示が可能になる．また，複数台の空気砲を連動させて，放出した渦輪を衝突させ，渦輪を崩すと，空間中の特定の場所に匂いを留めおくこともできる．これを利用して空間中にあらかじめ匂いの場を作っておくと，歩きながら体験するコンテンツなどにおいて特定の場所でだけ匂いを感じさせることができるようになる．空気砲式の嗅覚ディスプレイの場合，渦輪で届けられる香料は少量であるため，匂いの残留はそれほど問題にならない．一方，風の影響を受ける屋外やエアコン環境下での使用，および連続的な匂いの提示には不向きであり，また渦輪の到達によって匂い以外に風も感じてしまうなどの欠点がある．

空気砲には，空気を内包する空間とそれを押し出す機構が必要である．そのため，装置のサイズが大型になりやすい．また，渦輪の特性は開口部のサイズや容器の変形量などの機械的構造の影響を強く受ける．そのため，1つの機械では射出速度やサイズなど，性質が異なる渦輪を打ち分けることが難しい．さらに，匂い物質が空気砲本体に残ってしまうために，複数種類の匂いの切り替えを行うと，匂いが混ざってしまうことがあるという問題もある．こうした問題を解決する手法として，空気砲の射出口を複数の小口径ノズルで構成し，空気圧や開口時間を調整することで特性の異なる渦輪を生成するクラスタ型デジタル空気砲（cluster digital air cannon）[32]が提案されている．この方式では，空気圧や開口時間の制御により渦輪の速度調整や連射が可能であり，圧縮空気を電磁弁によって制御するために省スペース化も実現する．

　HMDと相性が良い嗅覚提示手法として，ウェアラブル嗅覚ディスプレイが開発されてきており，HMDに取り付けて使用するものも市販されている．ウェアラブル嗅覚ディスプレイは，匂いの種類や濃度を変化させた空気あるいは微量の匂い物質を，直接鼻先に放出することで匂いを提示する．匂い付きの空気あるいは匂い物質を放出する機構としては，ポンプ，ファン，インクジェット，弾性表面波（SAW, surface acoustic wave）デバイスが用いられることが多い．

　例えば，横山らが開発したウェアラブル嗅覚ディスプレイ[33]（**図 6.13** 参照）は，香料を綿状の素材にしみ込ませて容器に入れておき，マイクロポンプを用いて容器を通過する空気量を制御し，発生した香気をチューブで鼻先まで搬送

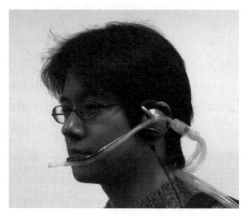

図 6.13　ウェアラブル嗅覚ディスプレイ[33]

して放出する。

　山田らは,インクジェットヘッドを用いてごく微量の香料を直接鼻に噴霧すると,噴霧された香料が体温で気化して匂いを提示できることを示した。この方式は空気の搬送による匂いの伝搬のタイムラグがないために応答特性が非常に良く,また気化した匂いがすべて吸い込まれるために残留する匂いも少ないという特性がある[34]。

　SAW デバイスは,アコースティックストリーミング現象を利用して液滴を瞬時に霧化する。これにより複数の匂い物質を液滴として SAW デバイス上に射出し,液滴を霧化させることで,複数が混合した匂いを比較的容易に提示できる。中本らは,この SAW デバイスを使用した嗅覚ディスプレイとして,鼻に匂いを直接放出するのではなく,ユーザーの鼻の前を横切る気流に乗せて匂いを放出する機構を考案し,これを HMD に取り付けて使用するウェアラブル嗅覚ディスプレイを発表した[35](図 6.14 参照)。この嗅覚ディスプレイを使用すると,ユーザーは呼吸の際に匂い付きの空気を吸い込むことで匂いを感じる。一方,ユーザーに吸い込まれなかった空気は,ユーザーの鼻先を通過して消臭フィルタに向かい,消臭されて排出される。この自己回収機能によって,残留する匂いを大幅に減らせるようになっている。

6.1 ヘッドマウントマルチモーダルディスプレイ

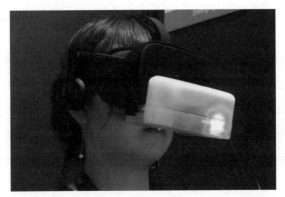

**図 6.14** 弾性表面波（SAW）を用いたウェアラブル嗅覚ディスプレイ[35]

ウェアラブル嗅覚ディスプレイは，匂いの発生源を鼻元に置くことができるため，匂いを提示したり，別の匂いに切り替えたり，無臭空気を送って匂いを消したりといった制御の応答性が良い．そのため，匂いを発生しながら動くVRコンテンツに加え，自らが移動しながら場の匂いの変化を感じる場合などにおいても，ある程度速い動きに合わせた提示が可能になる．廣瀬らは，VR空間内の匂いの空間分布を匂い源の位置と拡散方程式に基づいて計算機内に表現する「匂い場」を提案し，ウェアラブル嗅覚ディスプレイを用いて匂い場に応じた種類・強度の匂いを提示することで，リアリティの高いバーチャルな匂いの空間分布を感じさせることができることを報告している[36]．流体シミュレーションなどの計算が高速化したことで，より複雑でリアリティの高い匂い場の変化を提示することも可能になってきている．

ウェアラブル嗅覚ディスプレイは，個人ごとに最適化された匂いを提示する上でも有利である．そのような特性を踏まえたユニークな応用として，宮浦らは，個人の作業への集中度の推定に基づいてウェアラブル嗅覚ディスプレイを制御し，匂いの効果によって作業への集中度を高める手法を開発している[37]．匂い刺激には生理的な効果を持つものがあり，例えばペパーミントの匂いは覚醒度を向上させる．一方で，人間は匂いに順応してしまうために，30秒程度同じ匂

いを嗅ぎ続けると，その匂いはほとんど知覚できなくなり，それに伴って生理的な効果も弱まる．そこで，宮浦らは常時ペパーミントの匂いを提示するのではなく，ユーザーの**心拍変動**（心拍の R 波とつぎの R 波の間隔の変動，**RRV**, R-R interval variance）を計測して集中度を推定し，集中度が低下したタイミングで匂いを提示することで集中を回復させる方法を用いた．この手法を使用した実験では，匂いを提示しない場合や常時匂いを提示する場合と比べて，計算課題の誤答率が有意に低下することが示されている．この例のように，ウェアラブル嗅覚ディスプレイは，VR のリアリティ向上以外でも，嗅覚の特性を活用したさまざまな応用に用いられていくことが期待される．

## 6.2 ヘッドマウントディスプレイによる感覚間相互作用の活用

### 6.2.1 感覚間相互作用

これまで，バーチャルリアリティをはじめとするディジタルメディア技術領域では，対象から得られるさまざまな感覚情報を計測し，その情報を感覚の種類ごとに精度良く再現提示するディスプレイの開発が行われてきた．高い臨場感を持った体験を作り出すための方法論としては，感覚ごとに精度の良いディスプレイを作り，単純にそれらを組み合わせる「マルチモーダル」な手法が研究されてきた．このようなアプローチがとられてきたのは，各感覚は独立したものであり，各感覚における情報提示の最適化こそが重要と考えられてきたためである．

一方で，近年の認知科学分野の研究の進展により，各感覚はそれほど独立しておらず，人間の知覚には感覚間の相互作用が重要な役割を果たしていることが明らかになってきている[38]．本章の冒頭でも述べたように，感覚間相互作用とは，ある感覚における知覚が，同時に提示された他の感覚に対する刺激の影響を受けて変化するという，ある種の錯覚現象である．感覚間相互作用は，複数の機序によって生じる[39]．そのため，感覚間相互作用を効果的に活用する上では，どのような刺激の組合せがどのような機序で干渉し合うのかを分析し，機

## 6.2 ヘッドマウントディスプレイによる感覚間相互作用の活用

序への理解に基づいて刺激の設計を最適化する必要がある。感覚間相互作用の代表的な機序としては，**感覚間一致**（crossmodal correspondence），**最尤推定**（**MLE**, maximum likelihood estimation）（あるいはベイズ推定），そして**コンテクスト**の影響の3つが挙げられる。

機序を踏まえた上で感覚間相互作用を利用すると，限られた感覚刺激を組み合わせて提示するだけで，多様な知覚を与えられる可能性がある。本項では，感覚間相互作用の代表的な機序を紹介する。その上で次項以降，HMDで提示される視覚情報によってクロスモーダル知覚を生起させ，従来のアプローチでは提示ができなかった体験を提示可能にする新しいディスプレイ技術について，いくつかの例を紹介する。

〔1〕 **感覚間一致**

感覚間一致とは，異なる処理ドメインを持つ感覚情報に類似性・一致性が感じられる現象を指す[40]。有名な現象としてブーバ・キキ効果がある[41]。これは，それぞれ丸い曲線とギザギザの直線からなる2つの図形を見せ，どちらか一方の名がブーバ，他方がキキであるとした場合，大多数の人が丸い曲線の図形とブーバを，ギザギザの図形をキキと結び付けるという現象である。この結果は，母語・文化の影響や年齢の影響をほとんど受けず，誰にも共通して起こることが知られている。これは言語音と図形の視覚的印象の類似性・一致性を扱った例だが，類似の問題を用いて，味や匂いと図形の間にも感覚間一致が生じることが報告されてきた。

感覚間一致が生じるとき，それらの知覚は増強される。例えば，Reinoso-Carvalhoらは，苦味の強いビールと甘味の強いビールのどちらが，高音成分を多く含んだ曲と一致して感じられるかを調べた[42]。その結果，甘味の強いビールと高音成分（500 Hz程度）が多く含まれる曲，苦味の強いビールと低音成分（250 Hz程度）が多く含まれる曲がそれぞれ一致して感じられることがわかった。さらに，高音成分が多く含まれる曲を聴きながら甘味の強いビールを飲むと，その特徴が際立ち，より甘く，よりおいしく感じられることもわかっている。

感覚間一致は文化差によらず起こるため，どのような文化的背景を持つユー

ザーにも一定以上の効果を発揮することが期待できる。ただし，類似の一致性が見られても，文化的背景や経験によって，効果の出やすい刺激パラメータ（形状特徴，音高など）に多少の差違があり，文化圏によって異なる効果が生まれたり効果が消えたりすることも指摘されている[43]。したがって，感覚間一致を適切に活用するためには，文化的背景を考慮して，細かい感覚刺激のチューニングを行うことが望ましい。また，感覚間一致はもともとの感覚刺激の特性を際立たせたり減衰させたりすることはできるが，質の異なる感覚刺激の提示には向かないこと，また，その強化・減衰の程度は限られることに留意する必要がある。

〔2〕 最 尤 推 定

人が多様な感覚を統合し，1つのもっともらしい解釈を構成して世界を認識する際には，得られた感覚情報に多少の矛盾があろうとも，人はつじつまを合わせて解決することができる。このつじつま合わせのメカニズムとして，最尤推定モデルが提唱されている[44]。最尤推定とは，各感覚情報をその信頼度に基づいて重み付けした上で統合する計算過程である。さらに，感覚情報の信頼度だけではなく，事前知識の影響を加味できる計算過程として，ベイズ推定モデルも提唱されている。なお，ここでの各感覚の信頼度は，その感覚が従う正規分布の分散で求められる。すなわち，同じ対象から来る感覚刺激のはずなのに刺激のばらつきが大きい（＝分散が大きい）場合には，信頼度が低いと推定されるということである。例えば，視覚と触覚の統合を考えてみると，通常環境であれば視覚は触覚より信頼性が高い。そのため，視覚優位に統合が進み，見た目と触り心地が多少ずれている場合には，見た目に従った知覚が生じる。一方で，例えば眼前に霧がかかるなど，視覚にノイズが加わって視覚の信頼性が低下すると，感覚統合における触覚の寄与が高まり，触覚に寄った知覚が生じる。これを考慮すると，元来的に信頼性が低い感覚の知覚に影響を与えたい場合，信頼性が高い感覚を通じて知覚を引き込む情報を与えればよく，逆に信頼性が高い感覚の知覚に影響を与えたい場合，その感覚にノイズを与えつつ，他の感覚を通じて知覚を引き込む情報を与えればよいと考えられる。

最尤推定モデルに従って他の感覚に影響を与えるクロスモーダルな感覚提示

## 6.2 ヘッドマウントディスプレイによる感覚間相互作用の活用

手法では，視覚の信頼度が高いために，HMDによる映像提示が用いられることが多い．最尤推定モデルは人の感覚統合の基盤であり，このモデルに基づいて生じる基本的な効果は，誰にでも起こることが期待される．一方で，感覚の信頼度の捉え方は，各個人の感覚器の感度などの影響を受けると考えられ，また実際には，ベイズ推定モデルで扱われるように，信頼度に関する事前知識も影響するため，効果の出方には若干の個人差が生まれる点に留意が必要である．

〔3〕 コンテキスト

感覚刺激の検出能力や感覚刺激に対する注意は，事前刺激や先験的な知識・経験の影響を受けて変化しうる．そのため，特定のイメージを喚起する感覚情報をあらかじめ与えて感覚体験にコンテキストを作り出すことで，その後に続く感覚体験が変化して感じられることがある．例えば，Spenceらは，体験のコンテキストによって知覚の変化が起こる事例として，波の音を聞かせながらシーフードを食べさせることで食品の味が強く感じられること[45]や，ベーコンエッグを食べる際にベーコンの焼ける音を提示するとベーコンの味を，ニワトリの鳴き声を提示すると卵の味を強く感じること[46]を示した．こうした効果は，体験のコンテキストによって与えられる特定のイメージによって，特定の知覚へ注意が向きやすくなり，その知覚が増強されるために起こると考えられる．

コンテキストの影響は認知的効果であり，事前知識，経験，文脈，推論，期待などの影響を受ける．そのため，事前知識を持った人には強く効く一方で，知識を持たない人には何の効果もないといったことが起こりうる．したがって，ユーザー層が限定できる場合には，このアプローチは大きな効力を持つと考えられるが，万人に効果を与えることは難しく，コンテキストの影響を活用する技術においては，その適切な用い方を理解することが必要とされる．

### 6.2.2 Pseudo-haptics

視覚触覚間には安定した錯覚・融合現象が観察されることが，以前より知られている．2000年にLécuyerが視覚の影響を利用した触覚提示手法である**Pseudo-haptics**[47]を提唱すると，クロスモーダル知覚を活用した触力覚提示

技術は大きな注目を集め，盛んに研究されるようになった[48]。Pseudo-hapticsとは，例えばマウス操作時にポインタの動きが急に変化すると，マウスを操作する手に力がかかったかのように感じてしまうように，身体動作とそれを反映した視覚刺激の間に齟齬が生じたときに擬似的な触力覚が生起される現象である。これは，視覚を通じて知る自らの身体運動と，深部感覚を通じて知る自らの身体運動の間にずれがあり，そのずれが違和感を生じさせない一定の範囲内である場合に，最尤推定によって視覚優位の多感覚統合がなされるとともに，運動のずれを身体に関わる外力によるものと推定してしまうために起こると考えられている。ここで特筆すべきなのは，実際に力を発生させる機械的な装置を用いずとも，マウスの動きのような視覚的な情報の変化のみを与えることで触力覚の提示が可能になる点である。特に，バーチャルリアリティ環境においては，HMDを通してフィードバックする視覚情報などに工夫をするだけで，追加のデバイスなく触力覚を提示したり，触力覚提示デバイスと組み合わせて使う場合には，デバイスが提示できる解像度を超えた細かい感覚提示が可能になるというメリットを得られる。

　Pseudo-hapticsを利用すると，力の変化に加えて，触った物体の触覚的特性である硬さ・軟らかさ，粗さ・滑らかさや，形状などに関する知覚の変化を提示できる。Pseudo-hapticsによる力覚提示の例として，Puschらは複合現実感環境において，HMDを通して見る自身の手が風を受けて移動していく様子を見せることで，擬似的に力覚を提示できることを示した[49]。Puschらの実験では，バーチャルなパイプと，その中を気流が流れている様子がHMDを用いて提示される。このHMD越しに自らの手を見ると，クロマキー合成によって手が正しくその位置に表示されるようになっている。このとき，パイプの中の気流に手をかざすと，手の表示される位置が気流に流されるかのように平行移動していく。ここで，手の移動する速度をさまざまに変化させると，異なる抵抗感が感じられる。実際に，「空気流・水流に手を入れたときのような抵抗感があった」，「腕の筋肉が緊張するような感じがした」などの報告が得られている。

## 6.2 ヘッドマウントディスプレイによる感覚間相互作用の活用

このように HMD を通して観察する身体動作の見えを変化させることで，実際には触覚刺激や把持物がない場合にも Pseudo-haptics を生起させ，擬似力覚を提示することができる．同様の考え方で，ユーザーの手だけではなく，全身にかかる負荷を提示することもできる．Jáuregui らは，ダンベルを使う実験において，ユーザー自身を表すアバターの位置をずらしたり異なる前傾姿勢をとらせたりすると，全身への擬似力覚が提示され，バーチャルなダンベルの重量をより正確に識別できるようになることを示している[50]．

同様の現象を物体把持時に生起させると，物体の質量に関わる特性の知覚を変化させることもできる．對間らの研究では，ビデオシースルー HMD で物体の持ち上げ動作時の手と物体の動きを変化させて見せることで，物体の重量知覚と，物体を持ち上げる動作を反復できる回数を変化させられることが示されている[51]．この研究では，物体を持ち上げる際の初期の持ち上げ動作が重量知覚に強く影響することを利用して，視覚的処理により，初期の持ち上げ動作の移動量を増幅した上で，最終的な物体位置の帳尻が合うように持ち上げ動作終盤の移動量を調節する．実際の身体姿勢と HMD を通して見る身体姿勢のずれが Pseudo-haptics を生起させ，それによって知覚される力覚変化が物体の重量知覚の変化と解釈され，上述の効果が表れる．また，拡張現実感によって把持物体に形状の異なるさまざまな CG モデルを重畳表示すると，その物体の重心位置の知覚が変化すること[52]や，把持している剛体に対して内部の液体が揺れるような CG アニメーションを重畳描画すると，物体の重量知覚が変化すること[53]なども示されており，運動する操作対象の見えの各種変化が重量知覚に影響を与えることが確認されている．

一方で，Pseudo-haptics を利用して提示できる擬似力覚の強さには限界があることもわかっている．Pseudo-haptics において，より強い擬似力覚を提示するためには，実際の身体運動と見かけ上の身体運動とのずれをより大きくする必要がある．しかし，そのずれが一定以上大きくなると，両者の齟齬が明白になり，視覚による身体知覚・触力覚知覚の補正が起こらず，違和感のみが生じてしまう[54]．これに対し，力を感じさせたい身体部位の位置を平行にずらして表示

するだけではなく，力覚提示部位に連なる身体部位の姿勢をあわせて変化させて見せることで，ずれの寄与を各身体部位に分散させて感じさせ，実際の身体運動と見かけ上の身体運動とのずれを大きくしても違和感を与えることなく従来よりも強い擬似力覚を提示する手法が提案されている[55]。茂山らは，Pusch らの実験系と同等の系において，手首関節と肘関節について，それぞれの関節だけを曲げて手先位置を一定量ずらして見せるよりも，手首関節と肘関節が目標となる手先位置のずれに半分ずつ寄与するようにそれぞれを曲げて見せると，強い擬似触覚の提示と違和感の低減の両立が可能になることを示唆する実験結果を得た。Pseudo-haptics が持つこの種の制約を緩和する技術は，Pseudo-haptics による擬似触力覚提示が原理検証から応用に向かうにあたって，今後ますます重要性を増すだろう。

Pseudo-haptics による硬さ・軟らかさの提示に関しては，Pseudo-haptics の提唱時からさまざまな研究がなされてきた。Lécuyer らは，3 次元入力装置である Spaceball を用いた実験で，Spaceball を押し込む操作に対して，視覚提示するバネの変形量を変えて見せると，バネの弾性が変化して知覚されることを示した[56]。Moody らは外科手術のシミュレータのバーチャル環境下で，鉗子でシリコンパッドを押下した際に，提示する画像を押し込む方向へ変形する量によって硬さの触知覚が変化することを示している[57]。

Pseudo-haptics による粗さ・滑らかさの提示の例として，Mensvoort らは，コンピュータのマウスの動きに対して，表示するカーソルの速度を加減速させることで，凹凸の触感を提示できることを示した[58]。また，同様の手法を用いて，マウスでのポインティングタスクの作業効率を改善できることを示した。こうした成果は，Pseudo-haptics のデザインツール "PowerCursor" として公開されており，触覚的なインタラクションを導入したい際に参考にすることができる。これと似た取り組みとして，渡邊らは，自己知覚と環境知覚が相補的であるという生態心理学的観点から着想し，GUI 上のカーソルの動きや形状を，カーソルが触れる対象に合わせて変化させることで，対象に触れているかのような特有の感覚を提示する手法を提案している[59]。これは VisualHaptics と呼

## 6.2 ヘッドマウントディスプレイによる感覚間相互作用の活用

ばれ，PowerCursorと同様にウェブサイトで公開されており，誰もが体験できるようになっている．

Pseudo-hapticsによる形状提示の例として，伴らは自分の手で実際に触れている物体の形状知覚を操作する手法を提案している[60]~[63]．この一連の研究はPerception-based Shape Displayと総称され，触覚に関するクロスモーダルな特性を利用して，簡易な触力覚提示デバイスにより，複雑な形状をしたバーチャル物体の表面に触れる感覚を提示する手法が複数開発されている．Perception-based Shape Displayでは，ユーザーはビデオシースルーのモニタ越しに立体物を指で触る．図6.15の例では，ユーザーが実際に触れているのは円筒形の物体Aであるが，モニタ中には，実際にモニタの裏に置かれている立体物ではなく，CGで表された任意形状のオブジェクトBが表示される．このとき，実際に立体物に触れているユーザーの手の動きを取得し，それを空間的に変調して，指の位置をCGオブジェクトの表面形状に沿うように変化させて表示する．この視覚刺激が触知覚に与えるクロスモーダルな効果によって，実際に触っているのは単純な円筒であるにもかかわらず，CG中の立体形状を触っているような知覚が生じる[60]．一本指でのなぞり動作に関しては，図6.15に示したような曲面形状の凹凸の曲率に対する知覚の操作だけではなく，平面上に配置さ

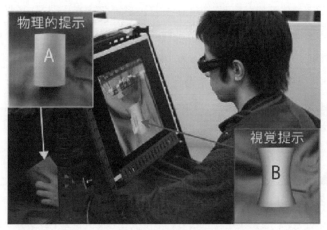

図6.15 Perception-based Shape Display[60]

れた角形状の位置[61]，角度[62]についても知覚操作が可能であり，多様な形状を提示できることが示されている．さらに，後出の図6.19のように，カメラで取得した手の画像を変形して姿勢を変えて見せることで，物体と身体との空間的整合性が保たれた映像合成を行うと，物体を掴んだ際の物体の大きさに対する知覚を操作できることも示されている[63]．こうした効果を組み合わせて利用すると，単純な機構のデバイスから，多様な形状の物体をなぞっているかのような形状知覚を提示できるようになる．また，このシステムでは，実際に触る物体は同一のまま，提示する映像を変えるだけで，多様な形状に触れているかのような体験を提供できる．

　提示機構の簡略化が可能であるという利点を活かし，こうしたシステムを博物館展示に応用する取り組みも行われてきた．博物館においては文化財の質感や形状，操作感，重量感を伝える展示の需要がある一方で，メンテナンス性などの問題から，複雑な機構を持つデバイスの導入は難しいという課題がある．Perception-based Shape Display を応用した「ディジタル展示ケース"自在置物 龍"」[64]では，メカニカルな機構がない展示システムと視触覚間相互作用を使用して展示物の操作感を伝える展示がなされた．また，Perception-based Shape Display を利用する際には，ある範囲の物体形状（視触覚間相互作用によって知覚が操作可能な範囲）においては，形状を伝送するのに必要な情報は対象物体の画像だけということになる．こうした特性を活かし，遠隔地にある博物館間でこのようなコンテンツをやりとりし，遠隔展示を実現する手法[65]についても検討がなされている．触力覚情報の提示という側面だけではなく，伝送情報の圧縮という側面からも，Pseudo-haptics の応用は触力覚通信の実現に大きく貢献することが期待される．

### 6.2.3　リダイレクテッドウォーキング

　HMD を利用した映像提示と感覚間相互作用を組み合わせて利用した手法として最も注目され，また実用化されている手法として，**リダイレクテッドウォー**

キング（**RDW**, redirected walking）がある[66]）。RDW とは，多感覚情報が最尤推定に基づいて統合された結果として空間知覚が生じること，そしてその統合の過程において視覚が優位であることを利用し，ユーザーが気づかない範囲内でユーザーの位置・姿勢をわずかにずらした映像を視覚提示することで，実際は限られた広さの実空間を歩行しているにもかかわらず，広大な VR 空間を歩行しているとユーザーに知覚させる手法である。VR 研究においては，高い没入感や臨場感を与えるために身体性を取り入れることが重要視され，その一環として，VR 空間での移動に実際の歩行を用いる試みがなされてきた。最もシンプルで古典的な方法は，実空間でのユーザーの位置と姿勢を VR 空間にそのまま反映させる手法である。この手法では，実空間のユーザーの移動量と VR 空間の移動量を一致させることで，VR 空間を歩行しながら実際の歩行と同様の感覚を得ることが可能になる。しかし，この手法では，移動可能な VR 空間の広さは実空間の広さの制約を受けるため，計算資源の許す限り広大な空間を生成できる VR の利点を損ねる。この問題の解決策として，歩行に伴う移動量を物理的に相殺することで実空間では移動しないにもかかわらず歩行感覚を生起させる**ロコモーションインタフェース**が提案されてきた。例えば，トレッドミル型のロコモーションインタフェースでは，回転するベルトコンベアの上を歩行することで，ユーザーは実空間の同じ位置に留まったまま歩行動作を継続することができる。しかし，このような手法に用いられるシステムは大掛かりな上，ユーザーの行動が制限されたり，実際の歩行感覚とは少し異なる感覚しか提示できないという問題がある。

　RDW は，人の空間知覚と無意識的な身体運動の制御が視覚フィードバックに強く依存しているという性質を利用して，こうした問題を解決しようとするものである。RDW の基本操作として，Steinicke らは「並進移動量操作」「回転量操作」「曲率操作」の3つを提案した[67]）。並進移動量操作は，ユーザーが実際に歩行した距離に並進ゲイン（translation gain）を掛けることで，バーチャル空間での移動量を拡大・縮小する操作である。例えば，実空間での並進

移動を 1.2 倍してバーチャル空間での移動に反映すると，実際よりも広いバーチャル空間を利用できるようになる．回転量操作は，ユーザーが実際に回転した角度に回転ゲイン（rotation gain）を掛けることで，バーチャル空間での回転量を拡大・縮小する操作である．例えば，ユーザーがバーチャル空間で周囲を 360° 見回しているのに，実空間では 180° しか回転していないといった状況を作ると，実空間の端などで効果的に方向転換をさせることができる．なお，このような操作はリセット操作と呼ばれる．曲率操作は，実際には円弧状の経路を歩行するユーザーに曲率ゲイン（curvature gain）を適用し，バーチャル空間の直線経路と対応させることで，ユーザーに直進運動感覚を生起させる操作である．RDW は，リセット操作のようにユーザーが意識的に使用する手法（overt manipulation）と，ユーザーが気づかないように使用する手法（subtle manipulation）に区分される．前者は空間の利用効率が高いものの，ユーザーに特定の行動を強制する点で不自然であり，そのことで没入感の減少や酔いに繋がることが報告されている．自然な歩行の中で空間の利用効率を高める後者の手法を実現するために，並進移動量操作・回転量操作・曲率操作それぞれについて，ユーザーが各操作に気づかないゲインの範囲が調べられてきた．例えば，曲率操作については，歩行経路の直径が 44 m 以上であればユーザーは操作に気づかない（直進していると感じる）と報告されている[68]．

松本らは，人間の空間知覚が，視覚のみならず触覚や固有感覚などを含む多感覚入力の統合の結果生じているものであるという特性に着目し，従来の提示映像のみを操作する RDW に適切な触覚刺激を組み合わせることによって，より効果的な空間知覚操作を行う「視触覚リダイレクテッドウォーキング」[69] を提案し，これを活用した VR コンテンツである Unlimited Corridor を制作した（図 6.16 参照）．Unlimited Corridor では，ユーザーはバーチャル環境において直線の壁を見て触れながら，それに沿って歩く．このとき，実空間ではユーザーは円周状の壁に手を触れて歩いている．実験では，視覚フィードバックによる曲率操作と，映像と対応した触覚的手がかりが提示されることで，視覚のみでは直径 44 m 必要だった RDW による直進歩行が，わずか直径 6 m で

## 6.2 ヘッドマウントディスプレイによる感覚間相互作用の活用

図 6.16 Unlimited Corridor[69]

実現できることが示されている。また，長尾らは，階段の端に当たる部分に高さ1cmの突起を設置し，階段を昇降する映像に同期した触覚的手がかりを提示すると，平面を移動しているにもかかわらず階段を昇降しているような上下移動感覚が強く生起することを示した[70]。これらの研究は，視覚と整合する触覚的手がかりを提示することがRDWの効果を高めることを示している。

Gaoらは，同様に空間知覚における多感覚情報の統合に着目した手法として，RDWにおける曲率操作の際に聴覚的手がかりを活用する手法を提案している[71]。一般に，視覚的手がかりの提示位置を回答する定位課題は精度が高く，対して聴覚的手がかりの提示位置を回答する定位課題は精度が低い。互いに矛盾する視覚的手がかりと聴覚的手がかりが提示された場合には，最尤推定によってそれぞれの感覚の相対的な信頼度が考慮され，視聴覚が統合された刺激の位置が回答される。このとき，視覚の信頼度は高いために，回答される位置は通常，強く視覚の影響を受けるが，聴覚の位置も加味されて刺激が定位されることが知られている。RDWにおいても，曲率操作の際にユーザーが知覚する物体の視覚的位置を聴覚的手がかりで変化させることで，操作に気づくことが少なくなり，より大きな曲率ゲイン（より小さな曲率半径）を利用できると期待できるものの，過去の研究では，視覚優位の統合が起こるために，聴覚的手がかりの影響は弱いことが報告されてきた[72]。Gaoらの研究では，視覚と聴覚

の手がかりが一致しない条件において，バーチャル環境に霧をかけて視覚の信頼度を下げることで，聴覚的手がかりの影響を相対的に大きくでき，結果として，より強い操作曲率を与えても気づかれにくくなることが示された．他の研究が，最尤推定における影響力が高い視覚を活用して RDW を実現しているのに対し，この研究は視覚の信頼度を下げることで相対的に聴覚の影響力を高め，視覚よりも空間的なずれに気づきにくい聴覚の影響が強い空間知覚を成立させることで，効果的な RDW を実現しているという点でユニークである．信頼度を操作するアプローチを活用したクロスモーダルな感覚提示手法は，これまでほとんど研究されていないが，今後こうしたアプローチが発展することで，より効果的な手法が実現されていくと考えられる．

### 6.2.4 感覚間相互作用による嗅覚提示

視覚と嗅覚のクロスモーダル知覚と最尤推定モデルを考慮した嗅覚提示手法として，南部らは限られた種類の香料からより多種の匂いを感じさせることが可能な嗅覚ディスプレイを提案した[73]．一般的な嗅覚ディスプレイによって多種類の匂いを提示するためには，それら多種の匂いに一対一に対応した化学物質を用意する必要がある．しかし，嗅覚ディスプレイとしての実用面を考慮すると，使用する要素臭の種類は極力少なくできるのが理想である．他方，嗅覚の知覚・認知には不安定性があり，例えばリンゴの匂いだけを嗅いでそれがリンゴだと正解できる確率は 4 割程度に留まる．すなわち，嗅覚の信頼度は低い．ここで，嗅覚刺激との齟齬を感じない視覚刺激を与えると，視覚の信頼度の高さから，視覚と嗅覚の感覚統合によって生じる嗅覚知覚は，視覚で得た情報に，より依存したものになると考えられる．南部らの研究では，まず多種のフルーツ系香料に関して，人間が嗅いだときに感じられる類似性を距離で表した嗅覚知覚類似性マップを構築し，このマップをもとに匂いのクラスタリングを行っている．つぎに，このクラスタリングの結果に基づいて類似する匂い同士をグループ化した上で，グループを代表する匂いと，各匂いを表す画像を同時に提示することで，グループ中の匂いすべてを表現する．例えば，ブドウの映像を

見せながら，ブドウと同一のグループに属するピーチの匂いを嗅がせることで，ピーチの匂いをブドウの匂いであると感じさせる．この手法の検証実験の結果，クラスタリングに基づいてグループを4つまで集約した場合でも，感覚間相互作用の効果によって平均約13種類の匂いを認識させることができたと報告されている．この結果は，感覚間相互作用を活用すると，少ない要素臭から多様な匂いの提示が可能であり，より実用的な嗅覚ディスプレイが実現できる可能性を示している．

松井らは，飲料摂取の際に鼻部に温度提示をすると，味に対する知覚が変化するという研究[74]に着想を得て，わずかな香料から表現できる匂いの数を拡張するために，嗅覚-視覚間，嗅覚-鼻部温度感覚間という2つの感覚間相互作用を利用した嗅覚ディスプレイを提案した[75]．松井らの研究では，まず鼻部皮膚温度制御による嗅覚認知の変化の傾向を調査したところ，鼻部皮膚への温度提示によって匂いの知覚は変化するものの，その変化の仕方はすべての香料で一様なものではなく，香料の特性に依存することと，香料同士の特徴がもともと似ているものであれば，鼻部皮膚への温度提示による匂い知覚の変化の方向も近くなることが示唆された．この結果をもとに香料を選定し，提案手法の効果を検証した結果，同一の香料と視覚刺激を提示した場合であっても，鼻部の加温または冷却によって，多くの組合せで匂いと視覚刺激の合致度が向上する現象が見られることがわかった．これは，視覚の嗅覚へのクロスモーダル効果と鼻部皮膚温度制御の嗅覚へのクロスモーダル効果を組み合わせることによって，1つの香料から感じさせることができる匂いの種類が拡張可能であることを示唆している．

また，松井らは，嗅覚を含む鼻腔内化学感覚の空間知覚には三叉神経入力が必要であることに着目し，鼻腔外から電気刺激を与えて三叉神経を刺激し，嗅覚を含む鼻腔内化学感覚の空間情報を提示する手法を提案した[76]．これまでに，嗅覚の空間情報を提示するシステムはほとんど開発されておらず，高い空間分解能で嗅覚の空間的な表現を実現した研究はない．他方，三叉神経は眼窩枝，上顎枝，下顎枝から構成され，空気中の化学物質にその受容体が反応して，匂

いの灼熱感や刺激感，新鮮さなどを知覚する体性感覚神経であり，この三叉神経刺激感覚と嗅覚を合わせた総称が鼻腔内化学感覚である．これまでの多くの先行研究から，嗅覚系単体の刺激に対しては，人は刺激の左右を識別する能力（側方化能力）を持たず，鼻腔内化学感覚の側方化には，左右の三叉神経枝への入力刺激分布の偏りが重要であることが明らかになっている．このことと，嗅覚系と三叉神経系の間にはクロスモーダルな感覚統合処理が発生することを踏まえて，松井らは人工的に左右の三叉神経枝への刺激分布を制御しつつ嗅覚提示を行うと，三叉神経系からの感覚の空間情報と嗅覚系の匂いの質に関する情報の間でクロスモーダルな感覚統合処理が誘発され，擬似的に嗅覚の空間情報を提示できると考えた．鼻腔内三叉神経を刺激する手法として，非侵襲的でかつ鼻孔を塞がずに刺激を与えられる実用的な手法として，鼻梁と頸部背面に電極を配置して電流を印加する鼻腔外電気刺激を採用し，鼻梁の電極位置を左右にずらした刺激提示方法によって左右の三叉神経枝を選択的に刺激する手法を構築し，その効果を検証した．嗅覚系のみを刺激するために，通常は側方化されない 2-フェニルエチルアルコール（PEA）を匂いとして提示し，同時に鼻腔外電気刺激を行うと，PEA の匂い知覚が電気刺激を提示した側に側方化されることが明らかになり，クロスモーダルに匂いの空間情報を提示できることが示された．

　嗅覚はその知覚・認知メカニズムがまだ十分に明らかになっていないこともあり，提示手法も十分に確立されていない．一方で，バーチャルリアリティにおいては，臨場感を高めたり，その生理的・心理的な作用を活用したりするために，利用の期待が高い感覚でもある．上述したようなアプローチによって，HMD による映像提示と組み合わせた新たな嗅覚提示手法が今後も登場してくることに期待したい．

### 6.2.5　感覚間相互作用による食体験の提示

　人間にとって食は生存に必要不可欠なだけではなく，生活の質や幸福，そして他者とのより良いコミュニケーションや関係の醸成にまでも影響を与える重

## 6.2 ヘッドマウントディスプレイによる感覚間相互作用の活用

要な要素である．バーチャルリアリティ学会関連のイベントでは，「VRが好きな人たちが集まるこのような場であっても，懇親会ではやはりリアルな食べ物でなくてはいけません」といったジョークがたびたび披露される．特定の味をいつでも再現可能にしたり，遠隔共食を実現したりすることに繋がるバーチャルな食体験への希求が，多くの研究を生んできた．

しかし，VRによる食体験の提示は容易ではない．食体験の中心は味覚であり，そしてそこから得られる満足感や満腹感である．前者の味覚は，嗅覚と同じく「化学的な信号」であるため，機械的・電気的な方法でインタラクティブに合成して提示することが難しい．さらに，化学的な信号だけで味覚の感じ方が決定されるわけではないという点も，問題を複雑にしている．舌で感じた化学信号と見た目や匂い，食感，記憶などが脳内で統合されることで，認識される味（＝「風味」や「食味」）は決定されるのである．また，後者の満腹感は，内臓感覚の一種である．内臓感覚は，胃，腸，肝臓などの内臓器官で感じられる感覚であり，純粋に自身の体内の状態を把握するために発展した感覚である．内臓感覚は，平滑筋，心筋，腺，内臓粘膜にある感覚受容器の興奮が，内臓求心性神経を伝わって引き起こされる．内臓感覚のうち，内臓痛以外のものは臓器感覚と呼ばれる．臓器感覚には，空腹感，食欲，口渇感（のどの渇き），悪心（吐き気），便意，尿意，性欲などが含まれる．内臓感覚，臓器感覚という言葉の響きからはイメージしにくいが，その具体例をこうして改めて並べてみると，内臓感覚は時折しかはっきりと意識することがない感覚ではあるものの，日常の体験によく現れるなじみ深い感覚であることがわかる．通常，身体の外部から身体の内部に直接働き掛けることは難しい．そのため，食行動に伴って変化する内臓感覚である満腹感に影響を与えるディスプレイを直接的に実現することは難しい．こうした味覚や内臓感覚の提示の難しさから，2010年代以前には食体験を扱ったVRはほとんど見られなかった．2000年代以降，感覚間相互作用を活用した感覚提示手法が確立されていく中で，飲食体験が五感をフルに活用する体験であり，その体験の中ではさまざまな感覚が相互に影響し合っていることが注目されるようになり，そうした影響を活用した味覚や内臓感覚の提示

手法が提案されるようになってきた.以下では,感覚間相互作用を活用した味覚提示手法と満腹感提示手法について具体的に紹介していく.

感覚間相互作用を活用した味覚提示では,嗅覚の影響が使われることが多い.例えばバニラの匂いは,それ自身は甘味を持たないにもかかわらず,感覚間一致によって甘味との関連付けが見出されるため,食品から感じられる甘味を増強させる効果を持つ.この効果は,息を吐くときに口腔内から鼻に空気が抜けることで感じられる匂いによって強く生じ,それ以外のタイミングで匂いを感じても,効果はあまり生じないことが確認されている[77].鳴海らは,着色料・香料を用いて飲料に色や匂いを付加する「おばけジュース」システムを用いて食味の認識に変化があるかを調査した.その結果,LEDがオレンジ色の場合は「オレンジジュース」,黄色の場合は「レモンジュース」,緑色の場合は「メロンジュース」との回答が多数になることが確認され,色によって特定の食味を認識させられる可能性が示唆された[78](**図 6.17** 参照).一方,飲料に匂いを付加した場合,味覚知覚に変化は起こるものの,匂いの効果のみで特定の食味を認識させることは難しいことも示唆されている[79].

**図 6.17**　おばけジュース[78]

これらを踏まえ,視覚刺激,嗅覚刺激,味覚刺激を同時に提示して三者の相互作用を利用する手法「メタクッキー」が提案されている[80](**図 6.18** 参照).

このシステムでは,拡張現実感によってプレーンクッキーの見た目と匂いを変化させることで,実際に口に入れるクッキーを変化させることなく,チョコ

図 6.18　メタクッキー[80]

レート，アーモンドなど，数種類のクッキーの味をユーザーに感じさせることができる．このシステムを用いてプレーンクッキーを食べさせる実験では，約7割の参加者にプレーンクッキーとは異なる食味を認識させることができている．ここでは味覚より信頼性が高い感覚である視覚に明確な情報を与え，また味覚との相互作用が強く起こる嗅覚に知覚を引き込む情報を与えることで，最尤推定に基づいて知覚される味に強く影響を与えている．しかし，この手法では提示したい食味の種類にそれぞれ対応した嗅覚刺激を用意しなければならない．そこで，先に述べた視覚と嗅覚の間の感覚間相互作用を利用する手法を応用し，必要な嗅覚刺激を縮約する手法も研究されている[81]．ただし，3種以上のモダリティが関わる感覚統合については，いまだ十分な研究が行われておらず，今後の研究の深化が望まれる．

　メタクッキーではプレーンクッキーの上に他の種類のクッキーの画像を重畳表示していた．しかし，もとの食品にあらかじめ用意した食品の画像を重畳表示するだけでは，食品の分割や変形といった見え方の変化にうまく対処することができない．そこで中野らは，カメラで捉えた食品の外観を，知覚させたい食品の自然な外観に変換する味覚操作インタフェース DeepTaste を提案した[45]．DeepTaste では，**敵対的生成ネットワーク**（**GAN**, generative adversarial network）を

用いてリアルタイムに食品の外観を変換する。例えば，そうめんをラーメンやソース焼きそばに，白飯をカレーライスや焼き飯に画像変換することができる（図 5.24 参照）。実験では，画像変換によって変換前の食品の風味が低減し，変換後の食品の風味が増強して知覚されることが確認されている。

鈴木らは，食品の見た目のうち，ぐつぐつと煮える動きに着目し，加温されていない食品がぐつぐつしているように見える手法 Taste in motion を開発した[82]。この手法では，静止画に運動パターンだけを投影することで，錯覚により動画のような印象を与える変幻灯[83]の技術を応用し，加温されていない食品に対してその食品がぐつぐつ煮えているように見える映像を投影することで，その食品がぐつぐつしているような動的質感を付与する。ぐつぐつして見えるカレーを評価させる実験では，動的質感を投影すると，実食前後ともカレーに対する食欲の評価が増すことが示され，食欲を喚起する効果が高いことが明らかになった。鈴木らは，この効果の応用を検証するため，レストランのショーケース内のカレーにぐつぐつとした動きを投影する実験を行った。その結果，カレーの注文率が有意に増加することを示した。

視覚と味覚などとの感覚間相互作用を別のアプローチから調べた研究として，食環境の認識への変化が食体験に与える影響を調査した研究がある[84]。この研究では，天ぷら屋のカウンターで撮影した映像を，広視野をカバーするように天ぷらの周囲に投影する実験環境を構成し，プロジェクションマッピングによる食環境の変化が，食の知覚や認知に与える影響が調べられた。その結果，プロジェクションマッピングによって環境の認識が変わることで，食品の匂い，熱，味を強く感じ，おいしさが向上することが示された。これは，食環境の変化が「天ぷら屋では匂いが良くアツアツでおいしい天ぷらが食べられる」という期待を暗黙のうちに生じさせ，それらの知覚を増強したためであり，与えられたコンテクストにおいて得られることが期待される感覚情報に注意が向き，食品からそれらの感覚情報を感じ取りやすくなったためと考察されている。

食体験は五感を総動員する体験であるだけに，クロスモーダルな影響を受けやすい。上述してきたように，映像提示を活用したクロスモーダルな味覚提示

## 6.2 ヘッドマウントディスプレイによる感覚間相互作用の活用

だけでも多様なアプローチがとられており，今後もさらなる発展を遂げることが期待される。

感覚間相互作用を活用した味覚提示では，視覚の影響が用いられることが多い。日常的な経験からも，食事から得られる満足感や満腹感が食事の盛りつけや見た目から大きな影響を受けていることは感じられるだろう。また，満腹感は曖昧な感覚であり，信頼度が低いために最尤推定では視覚が優位に働きやすい。視覚と内臓感覚のクロスモーダル知覚を活用した満腹感提示手法では，こうした影響を利用して，視覚によって満腹感を操作することを可能にしている。その代表的な研究事例として，食品の見た目を変更することで満腹感を操作する「拡張満腹感」システムがある[85]。拡張満腹感システムでは，HMD 越しに食事を見ると，手や周囲のもののサイズは一定のまま，食事の量だけが拡大・縮小される（図 **6.19** 参照）。この効果の検証では，見た目のサイズを変えるだけで摂食量を増減両方向に約 10% 程度変えることが可能であったと報告されている。拡張満腹感システムの発展研究では，HMD を用いて食品のサイズを変えて見せるだけではなく，プロジェクションマッピングを利用し，食品の周囲に投影する映像のサイズにより相対的に食品のサイズを変えて見せ，デバイスを身につけることなく同様の効果を実現できることも示されている[86]。

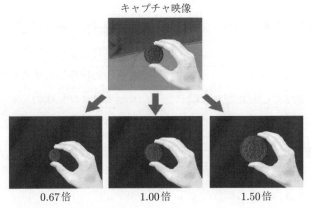

図 **6.19** 拡張満腹感システムによる食品のサイズの変化[85]

加藤らによる ViVi-Eat では，飲食物が食道を通る感覚，および体の動きに応じて飲食物が胃の中を動く感覚を擬似体験することで，食の楽しみを拡張することが試みられている[87]。このシステムでは，体験者は複数のスピーカと圧力センサが内蔵されたジャケットを装着して，自分の身体に食道と胃が重畳表示された映像をモニタで見ながら，食品を嚥下する。このシステムでは，腹と背に振動子を装着して適切な時間差で振動させると，その2つの振動子の間に腹部を通過する触覚が錯覚され，物理的には実現困難な身体内部への触覚提示が可能になるという知見[88]を利用し，ジャケットの腹側と背中側に対称に固定されたスピーカ対を同時に駆動させることで，提示する触覚像を体内に定位させることが可能になっている。このしくみを利用し，食品の嚥下タイミングや体験者の体の動きに応じて，映像中の食道や胃の中に嚥下された食品が動く様子を表示するとともに，体内に提示する触覚像を移動させることで，体内で食物や胃袋が動いている感覚を擬似的に提示する。ViVi-Eat は食の楽しみを拡張するというエンタテインメント性を目的としているが，シリアスゲームなどへの応用によって自身の食行動を振り返るきっかけを与えるシステムへの展開も可能だろう。例えば，咀嚼回数に応じて胃の中で感じられる質感を変化させて提示することで，よく噛んで食べることを促す食育などが実現できると考えられる。

藤澤らは，消化器官の中に入り込み，自らが徐々に消化されていく様子を体験できる VR コンテンツ「2016年 食物の旅」を開発している[89]。このコンテンツでは，自らが食物となり，捕食者による食物の摂取から排泄までの道のりをほふく前進で移動しながら体験し，インタラクティブに体のしくみを学習することができる。その際，腹部と大腿部に取り付けた4つの振動子を，時間差・強度差を調整しながら動かすことにより，胃や小腸，大腸などの消化器官ごとに異なる振動刺激を提示し，かつその振動刺激によって身体内を移動しているような感覚を与えることに成功している。

本節で紹介してきたように，HMD による視覚提示と感覚間相互作用をあわせて活用することで，多様な感覚情報が簡易に提示可能になってきている。し

かし現時点では，感覚間相互作用を活用しても扱いにくい感覚や，そもそも重要性が見落とされており，原理的には提示可能であっても注目・活用されていない感覚も多いと考えられる。今後の研究の発展によって，より多様な感覚経験や体験を HMD だけで提供できるようになっていくことに期待したい。

# 引用・参考文献

※記載 url は 2024 年 6 月確認
※略称　vrsj 論文誌：日本バーチャルリアリティ学会論文誌

## 1 章

1 ) C. Wheatstone: XVIII. Contributions to the physiology of vision. — Part the first. On some remarkable, and hitherto unobserved, phenomena of binocular vision, Philosophical Trans. of the Royal Society of London, 128, pp. 371–394 (1838)
2 ) M. Thelma: Stereoscopic television apparatus (1945), US Patent 2388170
3 ) M. L. Heilig: Stereoscopic-television apparatus for individual use (1960), US Patent 2955156
4 ) M. L. Heilig: Sensorama simulator (1962), US Patent 3050870
5 ) C. Comeau: Headsight television system provides remote surveillance, Electronics, **34**, 45, pp. 86–90 (1961)
6 ) I. E. Sutherland: The Ultimate Display, in Proc. of the Congress of the Internation Federation of Information Processing (IFIP), **2**, pp. 506–508 (1965)
7 ) I. E. Sutherland: A head-mounted three dimensional display, Fall Joint Computer Conference, pp. 757–764 (1968)
8 ) S. S. Fisher: Virtual interface environment, Space Station Human Factors Research Review. **4**: Inhouse Advanced Development and Research (1988)
9 ) C. Blanchard et al.: Reality built for two: A virtual reality tool, in Proc. of the 1990 symposium on Interactive 3D graphics, pp. 35–36 (1990)
10 ) 舘暲, 阿部稔：テレイグジスタンスの研究 第 1 報 — 視覚ディスプレイの設計, 第 21 回計測自動制御学会学術講演会予稿集, pp. 167–168 (1982)
11 ) M. Bolas et al.: Open virtual reality, in 2013 IEEE Virtual Reality (VR), pp. 183–184 (2013)
12 ) C. Cruz-Neira et al.: The CAVE: Audio visual experience automatic virtual environment, Communications of the ACM, **35**, 6, pp. 64–73 (1992)
13 ) H. Kim et al.: A glasses-free mixed reality showcase for surrounding multiple viewers, in SIGGRAPH Asia 2012 Technical Briefs, pp. 1–4 (2012)

## 2 章

1 ) 日本視覚学会 編：視覚情報処理ハンドブック, 朝倉書店 (2017)
2 ) 北原健二：目と視覚のしくみ, 照明学会誌, **81**, 6, pp. 488–492 (1997)
3 ) ぎもんしつもん 目の事典, https://www.ocular.net/jiten/jiten005.htm
4 ) 鵜飼一彦：視力と調節・屈折, VISION, **3**, 3, pp. 149–162 (1991)
5 ) 畑田豊彦, 坂田晴夫：視覚心理とディスプレイ, テレビジョン学会誌, **31**, 4, pp. 245–255 (1977)
6 ) 畑田豊彦：VDT と視覚特性, 人間工学, **22**, 2, pp. 45–52 (1986)
7 ) 畑田豊彦：色の見え方とその定量化, 日本印刷学会論文集, **23**, 2, pp. 63–76 (1985)
8 ) 畑田豊彦：人工現実感に要求される視空間知覚特性, 人間工学, **29**, 3, pp. 129–134 (1993)
9 ) 池田光男：色覚と視物質の分光感度特性, 分光研究, **16**, 6, pp. 248–261 (1968)
10 ) 大山正：輝度と明るさはどう違うか, 照明学会雑誌, **52**, 1, pp. 20–29 (1968)
11 ) 鵜飼一彦：眼球運動の種類とその測定, 光学, **23**, 1, pp. 2–8 (1994)
12 ) 岩舘祐一：立体映像の研究（立体映像の研究 特集号）, NHK 技研 R&D, 151, pp. 4–9 (2015)
13 ) 長田昌次郎：視覚の奥行距離情報とその奥行感度, テレビジョン学会誌, **31**, 8, pp. 649–655 (1977)
14 ) 畑田豊彦：奥行き知覚と多眼式ディスプレイ, 光学, **17**, 7, pp. 333–340 (1988)

## 3 章

1 ) B. C. Kress: Optical architectures for augmented-, virtual-, and mixed-reality headsets, Society of Photo-Optical Instrumentation Engineers, pp. 37–41 (2020)
2 ) P. Vision: Pimax 8K X, https://pimax.com/product/vision-8k-x/
3 ) L. Sun et al.: Lens Factory: Automatic Lens Generation Using Off-the-shelf Components, arXiv:1506.08956 (2015)
4 ) C. E. Rash: Helmet-Mounted Displays: Design Issues for Rotary-Wing Aircraft, SPIE Publications (2001)
5 ) nreal: nreal light, https://www.nreal.ai/light/
6 ) D. Glass: Dream Glass 4K, https://vr-compare.com/headset/dreamglass4kplus
7 ) L. Motion: Project North Star, https://developer.leapmotion.com/northstar
8 ) Olympus：フェイス・マウント・ディスプレイ「Eye-Trek」, https://www.olympus.co.jp/jp/news/1998a/nr980414fmdj.html
9 ) 山崎章市 ほか：自由曲面プリズムを搭載した薄型広画角 HMD とその応用, vrsj 論文誌, **4**, 1, pp. 281–286 (1999)

10 ) EPSON: Moverio Optical Technology (2023), https://corporate.epson/en/technology/search-by-products/other/optical-technology.html
11 ) Y. Amitai: Light guide optical device (2003), US Patent 7457040B2
12 ) LetinAR, https://letinar.com/
13 ) KURA, https://www.kura.tech/
14 ) RETISSA, https://www.retissa.biz/
15 ) G. Lippmann: Epreuves reversibles photographies integrals, Comptes Rendus Academie des Sciences, **146**, pp. 446–451 (1908)
16 ) R. Narain et al.: Optimal Presentation of Imagery with Focus Cues on Multi-Plane Displays, ACM Trans. Graph., **34**, 4 (2015)
17 ) F.-C. Huang et al.: The Light Field Stereoscope: Immersive Computer Graphics via Factored near-Eye Light Field Displays with Focus Cues, ACM TOG, **34**, 4 (2015)
18 ) A. Maimone et al.: Holographic Near-Eye Displays for Virtual and Augmented Reality, ACM TOG, **36**, 4 (2017)
19 ) A. Maimone et al.: Pinlight Displays: Wide Field of View Augmented Reality Eyeglasses Using Defocused Point Light Sources, ACM TOG, **33**, 4 (2014)
20 ) J. Hartmann et al.: AAR: Augmenting a Wearable Augmented Reality Display with an Actuated Head-Mounted Projector, ACM UIST, pp. 445–458 (2020)
21 ) M. Inami: Head-mounted projector, in ACM SIGGRAPH 99 Conference abstracts and applications, p. 179 (1999)
22 ) H. Hua and C. Gao: A polarized head-mounted projective display, in 4th IEEE and ACM International Symposium on Mixed and Augmented Reality, pp. 32–35 (2005)
23 ) T. Five: Tilt Five — Reinventing Game Night (2023), https://www.tiltfive.com/

## 4 章

1 ) Y. Itoh et al.: Towards indistinguishable augmented reality: A survey on optical see-through head-mounted displays, ACM Computing Surveys (CSUR), **54**, 6, pp. 1–36 (2021)
2 ) J. Grubert et al.: A Survey of Calibration Methods for Optical See-Through Head-Mounted Displays, IEEE TVCG, **24**, 9, pp. 2649–2662 (2018)
3 ) H. Kato and M. Billinghurst: Marker tracking and HMD calibration for a video-based augmented reality conferencing system, in 2nd IEEE and ACM International Workshop on Augmented Reality (IWAR 1999), pp. 85–94 (1999)

4 ) D. Wagner et al.: Robust and Unobtrusive Marker Tracking on Mobile Phones, in 7th IEEE and ACM International Symposium on Mixed and Augmented Reality, pp. 121–124 (2008)
5 ) G. Klein and D. Murray: Parallel Tracking and Mapping for Small AR Workspaces, in 6th IEEE and ACM International Symposium on Mixed and Augmented Reality, pp. 225–234 (2007)
6 ) G. Reitmayr et al.: Simultaneous Localization and Mapping for Augmented Reality, in 2010 International Symposium on Ubiquitous Virtual Reality (ISUVR), pp. 5–8 (2010)
7 ) C. Cadena et al.: Past, present, and future of simultaneous localization and mapping: Toward the robust-perception age, IEEE Trans. on Robotics, **32**, 6, pp. 1309–1332 (2016)
8 ) R. Jamiruddin et al.: RGB-Depth SLAM Review, CoRR, arXiv:1805.07696 (2018)
9 ) M. Tuceryan and N. Navab: Single Point Active Alignment Method (SPAAM) for Optical See-Through HMD Calibration for AR, in Proc. of IEEE and ACM International Symposium on Augmented Reality (ISAR) 2000, pp. 149–158 (2000)
10 ) C. B. Owen et al.: Display-Relative Calibration for Optical See-Through Head-Mounted Displays, in 3rd IEEE and ACM International Symposium on Mixed and Augmented Reality, pp. 70–78 (2004)
11 ) Y. Itoh and G. Klinker: Interaction-free calibration for optical see-through head-mounted displays based on 3D eye localization, in 2014 IEEE symposium on 3D user interfaces (3DUI), pp. 75–82 (2014)
12 ) M. Klemm et al.: Non-parametric Camera-Based Calibration of Optical See-Through Glasses for AR Applications, in 2016 International Conference on Cyberworlds (CW), pp. 33–40 (2016)
13 ) Y. Itoh et al.: Gaussian Light Field: Estimation of Viewpoint-Dependent Blur for Optical See-Through Head-Mounted Displays, IEEE TVCG, **22**, 11, pp. 2368–2376 (2016)
14 ) Y. Itoh and G. Klinker: Light-Field Correction for Spatial Calibration of Optical See-Through Head-Mounted Displays, IEEE TVCG (Proc. VR 2015), **21**, 4, pp. 471–480 (2015)
15 ) K. Someya et al.: OSTNet: Calibration Method for Optical See-Through Head-Mounted Displays via Non-Parametric Distortion Map Generation, in 2019 IEEE ISMAR-Adjunct, pp. 259–260 (2019)
16 ) T. Langlotz et al.: Real-Time Radiometric Compensation for Optical See-Through Head-Mounted Displays, IEEE TVCG, **22**, 11, pp. 2385–2394

(2016)

17) S. V. Cobb et al.: Virtual reality-induced symptoms and effects (VRISE), Presence: Teleoperators and Virtual Environments, **8**, 2, pp. 169–186 (1999)

18) M. R. Mine: Characterization of End-to-End Delays in Head-Mounted Display Systems, Technical report, University of North Carolina at Chapel Hill (1993)

19) J. Zhao et al.: Estimating the motion-to-photon latency in head mounted displays, in 2017 IEEE VR, pp. 313–314 (2017)

20) J. Jerald and M. Whitton: Relating Scene-Motion Thresholds to Latency Thresholds for Head-Mounted Displays, in IEEE VR 2009, pp. 211–218 (2009)

21) R. Jota et al.: How Fast is Fast Enough? A Study of the Effects of Latency in Direct-touch Pointing Tasks, in CHI 2013, pp. 2291–2300 (2013)

22) M. A. Livingston and Z. Ai: The effect of registration error on tracking distant augmented objects, in 7th IEEE and ACM International Symposium on Mixed and Augmented Reality, pp. 77–86 (2008)

23) P. Lincoln et al.: From Motion to Photons in 80 Microseconds: Towards Minimal Latency for Virtual and Augmented Reality, IEEE TVCG, **22**, 4, pp. 1367–1376 (2016)

24) R. T. Azuma: A survey of augmented reality, Presence: Teleoperators and Virtual Environments, **6**, 4, pp. 355–385 (1997)

25) R. Kijima et al.: A development of reflex HMD-HMD with time delay compensation capability, in Proc. 2nd International Symposium Mixed Reality, pp. 40–47 (2001)

26) T. J. Buker et al.: The effect of apparent latency on simulator sickness while using a see-through helmet-mounted display: Reducing apparent latency with predictive compensation, Human factors, **54**, 2, pp. 235–249 (2012)

27) J. Carmack: Latency mitigation strategies, https://danluu.com/latency-mitigation/ (2013)

28) Y. Itoh et al.: OST Rift: Temporally consistent augmented reality with a consumer optical see-through head-mounted display, in IEEE VR 2016, pp. 189–190 (2016)

29) J. Davis et al.: Humans perceive flicker artifacts at 500 Hz, Scientific reports, **5**, p. 7861 (2015)

30) F. Zheng et al.: Minimizing latency for augmented reality displays: Frames considered harmful, in IEEE ISMAR 2014, pp. 195–200 (2014)

31) P. Lincoln et al.: Scene-adaptive High Dynamic Range Display for Low

Latency Augmented Reality, in Proc. of the 21st ACM SIGGRAPH Symposium on Interactive 3D Graphics and Games, pp. 15:1–15:7 (2017)
32) G. Klein and D. Murray: Compositing for small cameras, in Proc. of the 7th IEEE and ACM International Symposium on Mixed and Augmented Reality, pp. 57–60
33) O. Bimber and R. Raskar: Spatial augmented reality: Merging real and virtual worlds, CRC Press (2005)
34) O. Bimber et al.: Embedded entertainment with smart projectors, Computer, **38**, 1, pp. 48–55 (2005)
35) O. Bimber et al.: The Visual Computing of Projector-Camera Systems, in Computer Graphics Forum, **27**, pp. 2219–2245 (2008)
36) O. Bimber et al.: Superimposing pictorial artwork with projected imagery, in ACM SIGGRAPH 2005 Courses, pp. 6–es (2005)
37) Y. Itoh et al.: Semi-Parametric Color Reproduction Method for Optical See-Through Head-Mounted Displays, IEEE TVCG, **21**, 11, pp. 1269–1278 (2015)
38) S. K. Sridharan et al.: Color correction for optical see-through displays using display color profiles, in ACM VRST 2013, pp. 231–240 (2013)
39) Y. Itoh et al.: Semi-parametric color reproduction method for optical see-through head-mounted displays, IEEE transactions on visualization and computer graphics, **21**, 11, pp. 1269–1278 (2015)
40) S. Mori et al.: BrightView: Increasing Perceived Brightness of Optical See-Through Head-Mounted Displays Through Unnoticeable Incident Light Reduction, in IEEE VR 2018, pp. 251–258 (2018)
41) J. L. Gabbard et al.: More than meets the eye: An engineering study to empirically examine the blending of real and virtual color spaces, IEEE VR 2000, pp. 79–86 (2000)
42) T. Fukiage et al.: Visibility-based blending for real-time applications, in IEEE ISMAR 2014, pp. 63–72 (2014)
43) J. D. Hincapie-Ramos et al.: Real-time color correction and contrast for optical see-through head-mounted displays, in IEEE ISMAR, pp. 187–194 (2014)
44) C. Weiland et al.: Colorimetric and Photometric Compensation for Optical See-Through Displays, pp. 603–612 (2009)
45) K. Kiyokawa et al.: An optical see-through display for mutual occlusion of real and virtual environments, in Proc. of IEEE and ACM International Symposium on Augmented Reality 2000, pp. 60–67 (2000)
46) O. Cakmakci et al.: A Compact Optical See-Through Head-Worn Display

with Occlusion Support, in 3rd IEEE and ACM International Symposium on Mixed and Augmented Reality, pp. 16–25 (2004)
47 ) G. Wetzstein et al.: Optical image processing using light modulation displays, **29**, 6, pp. 1934–1944 (2010)
48 ) Y. Itoh et al.: Light Attenuation Display: Subtractive See-Through Near-Eye Display via Spatial Color Filtering, IEEE TVCG, **25**, 5, pp. 1951–1960 (2019)
49 ) T. Kaminokado et al.: Variable-Intensity Light-Attenuation Display with Cascaded Spatial Color Filtering for Improved Color Fidelity, IEEE TVCG, **26**, 12, pp. 3576–3586 (2020)
50 ) H. Seetzen et al.: High Dynamic Range Display Systems, ACM TOG, 3, pp. 760–768 (2004)
51 ) G. Wetzstein et al.: Layered 3D: Tomographic image synthesis for attenuation-based light field and high dynamic range displays, in ACM SIGGRAPH 2011 papers, pp. 1–12 (2011)
52 ) M. Xu and H. Hua: High dynamic range head mounted display based on dual-layer spatial modulation, Opt. Express, **25**, 19, pp. 23320–23333 (2017)
53 ) Y. Zhao et al.: High dynamic range near-eye displays, in Optical Architectures for Displays and Sensing in Augmented, Virtual, and Mixed Reality, **11310**, pp. 268–279 (2020)
54 ) Y. Itoh et al.: Retinal HDR: HDR Image Projection Method onto Retina, in ACM SIGGRAPH Asia 2018 Posters, Article No. 82 (2018)
55 ) J. E. Cutting: How the eye measures reality and virtual reality, Behavior Research Methods, **29**, 1, pp. 27–36 (1997)
56 ) D. M. Hoffman et al.: Vergence–accommodation conflicts hinder visual performance and cause visual fatigue, J. Vision, **8**, 3, pp. 33–33 (2008)
57 ) M. Lambooij et al.: Visual discomfort and visual fatigue of stereoscopic displays: A review, J. Imaging Science and Technology, **53**, 3, pp. 30201–1 (2009)
58 ) G. Kramida: Resolving the vergence-accommodation conflict in head-mounted displays, IEEE TVCG, **22**, 7, pp. 1912–1931 (2016)
59 ) D. Dunn: Required Accuracy of Gaze Tracking for Varifocal Displays, in 2019 IEEE Conference on Virtual Reality and 3D User Interfaces (VR), pp. 1838–1842 (2019)
60 ) H. Hua: Enabling Focus Cues in Head-Mounted Displays, Proc. of the IEEE, **105**, 5, pp. 805–824 (2017)
61 ) N. P. Y. Peng et al.: Neural Holography with Camera-in-the-loop Training,

ACM TOG (SIGGRAPH Asia), **39**, 6, pp. 1–14 (2020)
62 ) A. Wilson and H. Hua: Design and demonstration of a vari-focal optical see-through head-mounted display using freeform Alvarez lenses, Optics express, **27**, 11, pp. 15627–15637 (2019)
63 ) J. P. Rolland et al.: Multifocal planes head-mounted displays, Appl. Opt., **39**, 19, pp. 3209–3215 (2000)
64 ) K. Akeley et al.: A stereo display prototype with multiple focal distances, in ACM TOG, **23**, pp. 804–813 (2004)
65 ) S. Liu et al.: A multi-plane optical see-through head mounted display design for augmented reality applications, J. Society for Information Display, **24**, 4, pp. 246–251 (2016)
66 ) C.-K. Lee et al.: Compact three-dimensional head-mounted display system with Savart plate, Opt. Express, **24**, 17, pp. 19531–19544 (2016)
67 ) C. Yoo et al.: Dual-focal waveguide see-through near-eye display with polarization-dependent lenses, Optics letters, **44**, 8, pp. 1920–1923 (2019)
68 ) Magic Leap, https://www.magicleap.com
69 ) S. Suyama et al.: Three-dimensional display system with dual-frequency liquid-crystal varifocal lens, J. Applied Physics Jpn., **39**, 2R, p. 480 (2000)
70 ) S. Liu et al.: An optical see-through head mounted display with addressable focal planes, in 7th IEEE and ACM International Symposium on Mixed and Augmented Reality, pp. 33–42 (2008)
71 ) X. Xia et al.: Towards a Switchable AR/VR Near-eye Display with Accommodation-Vergence and Eyeglass Prescription Support, IEEE TVCG, **25**, 11, pp. 3114–3124 (2019)
72 ) K. Rathinavel et al.: An Extended Depth-at-Field Volumetric Near-Eye Augmented Reality Display, IEEE TVCG, **24**, 11, pp. 2857–2866 (2018)
73 ) R. Konrad et al.: Accommodation-invariant Computational Near-eye Displays, ACM TOG, **36**, 4, pp. 88:1–88:12 (2017)
74 ) D. Dunn et al.: 10-1: Towards Varifocal Augmented Reality Displays using Deformable Beamsplitter Membranes, SID Symposium Digest of Technical Papers, **49**, 1, pp. 92–95 (2018)
75 ) D. Dunn et al.: Wide Field Of View Varifocal Near-Eye Display Using See-Through Deformable Membrane Mirrors, IEEE TVCG, **3**, 4, pp. 1322–1331 (2017)
76 ) D. Lanman and D. Luebke: Near-eye light field displays, ACM TOG, **32**, 6, p. 220 (2013)
77 ) B. Masia et al.: A survey on computational displays: Pushing the boundaries of optics, computation, and perception, Computers & Graphics, **37**,

8, pp. 1012–1038 (2013)

78 ) K. Otao et al.: Light field blender: Designing optics and rendering methods for see-through and aerial near-eye display, in SIGGRAPH Asia 2017 Technical Briefs, pp. 1–4 (2017)

79 ) C. Jang et al.: Retinal 3D: Augmented Reality Near-eye Display via Pupil-tracked Light Field Projection on Retina, ACM TOG, **36**, 6, pp. 190:1–190:13 (2017)

80 ) A. Maimone et al.: Pinlight Displays: Wide Field of View Augmented Reality Eyeglasses Using Defocused Point Light Sources, ACM Trans. Graph., **33**, 4 (2014)

81 ) L. Shi et al.: Near-eye Light Field Holographic Rendering with Spherical Waves for Wide Field of View Interactive 3D Computer Graphics, ACM TOG, **36**, 6, pp. 236:1–236:17 (2017)

82 ) E. Moon et al.: Holographic head-mounted display with RGB light emitting diode light source, Optics express, **22**, 6, pp. 6526–6534 (2014)

83 ) Q. Gao et al.: Monocular 3D see-through head-mounted display via complex amplitude modulation, Optics express, **24**, 15, pp. 17372–17383 (2016)

84 ) Q. Gao et al.: Compact see-through 3D head-mounted display based on wavefront modulation with holographic grating filter, Optics express, **25**, 7, pp. 8412–8424 (2017)

85 ) Z. He et al.: Progress in virtual reality and augmented reality based on holographic display, Applied optics, **58**, 5, pp. A74–A81 (2019)

86 ) A. Cem et al.: Foveated near-eye display using computational holography, Scientific reports, **10**, 1, pp. 1–9 (2020)

87 ) B. Lee et al.: Holographic and light-field imaging for augmented reality, in Proc. SPIE, **10125**, Emerging Liquid Crystal Technologies XII, 101251A (2017)

88 ) W. Song et al.: Light field head-mounted display with correct focus cue using micro structure array, Chinese Optics Letters, **12**, 6, p. 060010 (2014)

89 ) Y. Yamaguchi and Y. Takaki: See-through integral imaging display with background occlusion capability, Applied optics, **55**, 3, pp. A144–A149 (2016)

90 ) A. Maimone and H. Fuchs: Computational augmented reality eyeglasses, in 2013 IEEE ISMAR, pp. 29–38 (2013)

91 ) F.-C. Huang et al.: The light field stereoscope: Immersive computer graphics via factored near-eye light field displays with focus cues, ACM TOG, **34**, 4, p. 60 (2015)

92 ) F. Yaraş et al.: State of the art in holographic displays: A survey, J. Display

Technology, **6**, 10, pp. 443–454 (2010)
93 ) F. Yaraş et al.: Circular holographic video display system, Optics Express, **19**, 10, pp. 9147–9156 (2011)
94 ) A. Maimone et al.: Holographic Near-eye Displays for Virtual and Augmented Reality, ACM TOG, **36**, 4, pp. 85:1–85:16 (2017)
95 ) P. Chakravarthula et al.: Wirtinger holography for near-eye displays, ACM TOG, **38**, 6, pp. 1–13 (2019)
96 ) N. Padmanaban et al.: Holographic near-eye displays based on overlap-add stereograms, ACM TOG, **38**, 6, pp. 1–13 (2019)
97 ) G. Kuo et al.: High resolution étendue expansion for holographic displays, ACM TOG, **39**, 4, pp. 66–1 (2020)
98 ) H. Do et al.: Focus-free head-mounted display based on Maxwellian view using retroreflector film, Applied optics, **58**, 11, pp. 2882–2889 (2019)
99 ) K. Oshima et al.: SharpView: Improved clarity of defocused content on optical see-through head-mounted displays, in 2016 IEEE Symposium on 3D User Interfaces (3DUI), pp. 173–181 (2016)
100) D. C. Rompapas et al.: EyeAR: Refocusable augmented reality content through eye measurements, Multimodal Technologies and Interaction, **1**, 4, p. 22 (2017)
101) T. Cook et al.: User preference for sharpview-enhanced virtual text during non-fixated viewing, in IEEE VR 2018, pp. 394–400 (2018)
102) P. Chakravarthula et al.: FocusAR: Auto-focus Augmented Reality Eyeglasses for both Real World and Virtual Imagery, IEEE TVCG, **24**, 11, pp. 2906–2916 (2018)
103) N. Padmanaban et al.: Optimizing virtual reality for all users through gaze-contingent and adaptive focus displays, Proc. of the National Academy of Sciences, **114**, 9, pp. 2183–2188 (2017)
104) O. Cakmakci and J. Rolland: Head-worn displays: A review, J. Display Technology, **2**, 3, pp. 199–216 (2006)
105) K. Kiyokawa: A wide field-of-view head mounted projective display using hyperbolic half-silvered mirrors, in 6th IEEE and ACM International Symposium on Mixed and Augmented Reality, pp. 207–210 (2007)
106) H. Nagahara et al.: Super Wide Field of View Head Mounted Display Using Catadioptrical Optics, Presence: Teleoper. Virtual Environ., **15**, 5, pp. 588–598 (2006)
107) G.-Y. Lee et al.: Metasurface eyepiece for augmented reality, Nature comm/s, **9**, 1, pp. 1–10 (2018)
108) H. Mukawa et al.: 8.4: Distinguished Paper: A Full Color Eyewear Display

Using Holographic Planar Waveguides, SID Symposium Digest of Technical Papers, **39**, 1, pp. 89–92 (2008)
109) R. Sprague: Method and apparatus to process display and non-display information, US Patent 20100053030A1 (2010)
110) H. Benko et al.: Combining an optically see-through near-eye display with projector-based spatial augmented reality, in Proc. of the 28th ACM UIST, pp. 129–135 (2015)
111) L. Qian et al.: Restoring the Awareness in the Occluded Visual Field for Optical See-Through Head-Mounted Displays, IEEE TVCG, **24**, 11, pp. 2936–2946 (2018)
112) A. Maimone and J. Wang: Holographic optics for thin and lightweight virtual reality, ACM TOG, **39**, 4, pp. 67-1 (2020)
113) S. Lee et al.: Foveated near-eye display for mixed reality using liquid crystal photonics, Scientific Reports, **10**, 1, pp. 1–11 (2020)
114) H. Hua and B. Javidi: A 3D integral imaging optical see-through head-mounted display, Opt. Express, **22**, 11, pp. 13484–13491 (2014)
115) J. Spjut et al.: Toward Standardized Classification of Foveated Displays, IEEE TVCG, **26**, 5, pp. 2126–2134 (2020)
116) B. Guenter et al.: Foveated 3D Graphics, ACM TOG, **31**, 6, pp. 164:1–164:10 (2012)
117) A. Patney et al.: Towards foveated rendering for gaze-tracked virtual reality, ACM TOG, **35**, 6, p. 179 (2016)
118) E. M. Howlett: High-resolution inserts in wide-angle head-mounted stereoscopic displays, Proc. Volume 1669, Stereoscopic Displays and Applications III (1992)
119) J. P. Rolland et al.: High-resolution inset head-mounted display, Appl. Opt., **37**, 19, pp. 4183–4193 (1998)
120) S. Lee et al.: Foveated Retinal Optimization for See-Through Near-Eye Multi-Layer Displays, IEEE Access, **6**, pp. 2170–2180 (2018)
121) J. S. Lee et al.: Enhanced see-through near-eye display using time-division multiplexing of a Maxwellian-view and holographic display, Opt. Express, **27**, 2, pp. 689–701 (2019)
122) J. Kim et al.: Foveated AR: Dynamically-foveated Augmented Reality Display, ACM TOG, **38**, 4, pp. 99:1–99:15 (2019)
123) K. Akşit et al.: Manufacturing Application-Driven Foveated Near-Eye Displays, IEEE TVCG, **25**, 5, pp. 1928–1939 (2019)
124) T. Hamasaki and Y. Itoh: Varifocal Occlusion for Optical See-Through Head-Mounted Displays using a Slide Occlusion Mask, IEEE TVCG, **25**,

5, pp. 1961–1969 (2019)
125) K. Kiyokawa et al.: An occlusion-capable optical see-through head mount display for supporting co-located collaboration, in IEEE and ACM ISAR, p. 133 (2003)
126) P. Santos et al.: The daylight blocking optical stereo see-through HMD, in Proc. of the 2008 workshop on immersive projection technologies, p. 4 (2008)
127) T. Uchida et al.: An optical see-through MR display with digital micromirror device, Transactions of the Virtual Reality Society of Japan, **7**, 2 (2002)
128) K. Kim et al.: Occlusion-capable Head-mounted Display, in Proc. of the 7th PHOTOPTICS 2019, pp. 299–302, SciTePress (2019)
129) B. Krajancich et al.: Factored Occlusion: Single Spatial Light Modulator Occlusion-capable Optical See-through Augmented Reality Display, IEEE TVCG, **26**, 5, pp. 1871–1879 (2020)
130) C. Gao et al.: Occlusion capable optical see-through head-mounted display using freeform optics, in 11th IEEE ISMAR, pp. 281–282 (2012)
131) C. Gao et al.: Optical see-through head-mounted display with occlusion capability, in Proc. Volume 8735, Head- and Helmet-Mounted Displays XVIII: Design and Applications; 87350F (2013)
132) A. Wilson and H. Hua: Design and prototype of an augmented reality display with per-pixel mutual occlusion capability, Opt. Express, **25**, 24, pp. 30539–30549 (2017)
133) K. Rathinavel et al.: Varifocal Occlusion-Capable Optical See-through Augmented Reality Display based on Focus-tunable Optics, IEEE TVCG, **25**, 11, pp. 3125–3134 (2019)

## 5 章

1) N. Padmanaban et al.: Autofocals: Evaluating gaze-contingent eyeglasses for presbyopes, in ACM SIGGRAPH 2019 Talks, pp. 1–2 (2019)
2) T. Langlotz et al.: ChromaGlasses: Computational glasses for compensating colour blindness, in Proc. of the 2018 CHI Conference on Human Factors in Computing Systems, pp. 1–12 (2018)
3) H. C. Ates et al.: Immersive simulation of visual impairments using a wearable see-through display, in Proc. of the 9th international conference on tangible, embedded, and embodied interaction, pp. 225–228 (2015)
4) 清川清：バーチャルリアリティが拓く生きがいのある社会, 日本バーチャルリアリティ学会誌, **18**, 4, pp. 285–286 (2013)
5) G. Aydındoğan et al.: Applications of augmented reality in ophthalmology,

Biomedical optics express, **12**, 1, pp. 511–538 (2021)
6 ) J.-Y. Wu and J. Kim: Prescription AR: A fully-customized prescription-embedded augmented reality display, Optics Express, **28**, 5, pp. 6225–6241 (2020)
7 ) J. Jarosz et al.: Adaptive eyeglasses for presbyopia correction: An original variable-focus technology, Optics express, **27**, 8, pp. 10533–10552 (2019)
8 ) J. Mompeán et al.: Portable device for presbyopia correction with optoelectronic lenses driven by pupil response, Scientific Reports, **10**, 1, p. 20293 (2020)
9 ) Y. Itoh and G. Klinker: Vision enhancement: Defocus correction via optical see-through head-mounted displays, in Proc. of the 6th Augmented Human International Conference, pp. 1–8 (2015)
10 ) E. Tanuwidjaja et al.: Chroma: A wearable augmented-reality solution for color blindness, in Proc. of the 2014 ACM international joint conference on pervasive and ubiquitous computing, pp. 799–810 (2014)
11 ) Y. Miao et al.: Virtual reality-based measurement of ocular deviation in strabismus, Computer methods and programs in biomedicine, **185**, p. 105132 (2020)
12 ) A. Nowak et al.: Towards amblyopia therapy using mixed reality technology, in 2018 Federated Conference on Computer Science and Information Systems (FedCSIS), pp. 279–282 (2018)
13 ) 清川清：HMDを用いた視機能検査・矯正システムの可能性, 第63回システム制御情報学会研究発表講演会（SCI'19), OS08-3 (2019)
14 ) J. Ong et al.: Head-mounted digital metamorphopsia suppression as a countermeasure for macular-related visual distortions for prolonged spaceflight missions and terrestrial health, Wearable Technologies, **3**, p. e26 (2022)
15 ) L. Cimmino et al.: A method for user-customized compensation of metamorphopsia through video see-through enabled head mounted display, Pattern Recognition Letters, **151**, pp. 252–258 (2021)
16 ) K. Li et al.: Mixed reality for laser safety at advanced optics laboratories, in International Laser Safety Conference, No. PUBDB-2023-07345, ControlSystem (2023)
17 ) X. Hu et al.: Design and prototyping of computational sunglasses for autism spectrum disorders, in 2021 IEEE VR, pp. 581–582 (2021)
18 ) X. Hu et al.: Smart dimming sunglasses for photophobia using spatial light modulator, Displays, **81**, p. 102611 (2024)
19 ) X. Hu et al.: Pinhole Occlusion: Enhancing Soft-Edge Occlusion Using a Dynamic Pinhole Array, in 2024 IEEE Conference on Virtual Reality and

3D User Interfaces Abstracts and Workshops (VRW), pp. 719–720 (2024)
20 ) S. C. Ong et al.: A novel automated visual acuity test using a portable head-mounted display, Optometry and Vision Science, **97**, 8, pp. 591–597 (2020)
21 ) J. Orlosky et al.: Emulation of physician tasks in eye-tracked virtual reality for remote diagnosis of neurodegenerative disease, IEEE TVCG, **23**, 4, pp. 1302–1311 (2017)
22 ) M. Hirota et al.: Analysis of smooth pursuit eye movements in a clinical context by tracking the target and eyes, Scientific Reports, **12**, 1, p. 8501 (2022)
23 ) C. Mao et al.: Different eye movement behaviors related to artificial visual field defects — A pilot study of video-based perimetry, IEEE Access, **9**, pp. 77649–77660 (2021)
24 ) X. Wei et al.: Unobtrusive Refractive Power Monitoring: Using EOG to Detect Blurred Vision, in 2023 45th Annual International Conference of the IEEE Engineering in Medicine & Biology Society (EMBC), pp. 1–7 (2023)
25 ) G. M. Schuster et al.: Wink-controlled polarization-switched telescopic contact lenses, Applied Optics, **54**, 32, pp. 9597–9605 (2015)
26 ) J. Orlosky et al.: Modular: Eye-controlled vision augmentations for head mounted displays, IEEE TVCG, **21**, 11, pp. 1259–1268 (2015)
27 ) K. Fan et al.: SpiderVision: Extending the human field of view for augmented awareness, in Proc. of the 5th augmented human international conference, pp. 1–8 (2014)
28 ) J. Orlosky et al.: Fisheye vision: Peripheral spatial compression for improved field of view in head mounted displays, in Proc. of the 2nd ACM symposium on spatial user interaction, pp. 54–61 (2014)
29 ) Y. Yano et al.: Dynamic View Expansion for Improving Visual Search in Video See-through AR., in ICAT-EGVE, pp. 57–60 (2016)
30 ) M. Kitazaki et al.: Owl-Vision: Augmentation of Visual Field by Virtual Amplification of Head Rotation, in Proc. of the Augmented Humans International Conference 2024, pp. 275–277 (2024)
31 ) H. Akiyama et al.: Electrical Stimulation Method Capable of Presenting Visual Information Outside the Viewing Angle, in ICAT-EGVE (Posters and Demos), pp. 13–14 (2017)
32 ) A. Erickson et al.: Beyond visible light: User and societal impacts of egocentric multispectral vision, in International Conference on Human-Computer Interaction, pp. 317–335 (2021)
33 ) J. Orlosky et al.: VisMerge: Light adaptive vision augmentation via spec-

tral and temporal fusion of non-visible light, in 2017 IEEE ISMAR, pp. 22–31 (2017)
34) N. Koizumi et al.: Stop motion goggle: Augmented visual perception by subtraction method using high speed liquid crystal, in AH, pp. 1–7 (2012)
35) T. Tao et al.: An interactive 4D vision augmentation of rapid motion, in Proc. of the 9th Augmented Human International Conference, pp. 1–4 (2018)
36) Y. Itoh et al.: Laplacian vision: Augmenting motion prediction via optical see-through head-mounted displays, in Proc. of the 7th Augmented Human International Conference 2016, pp. 1–8 (2016)
37) K. Higuchi and J. Rekimoto: Flying head: A head motion synchronization mechanism for unmanned aerial vehicle control, in CHI'13 Extended Abstracts on Human Factors in Computing Systems, pp. 2029–2038 (2013)
38) M. Mori et al.: A transitional AR furniture arrangement system with automatic view recommendation, in 2016 IEEE ISMAR-Adjunct, pp. 158–159 (2016)
39) P. R. Jones et al.: Seeing other perspectives: Evaluating the use of virtual and augmented reality to simulate visual impairments (OpenVisSim), NPJ digital medicine, **3**, 1, p. 32 (2020)
40) Q. Zhang et al.: Seeing our blind spots: Smart glasses-based simulation to increase design students' awareness of visual impairment, in Proc. of the 35th Annual ACM Symposium on User Interface Software and Technology, pp. 1–14 (2022)
41) 春日遥 ほか：アニマルめがねラボ 動物の視覚を学ぶ VR を用いた場のデザイン, デザイン学研究作品集, **26**, 1, pp. 1_30–1_35 (2021)
42) M. Koshi et al.: Augmented concentration: Concentration improvement by visual noise reduction with a video see-through HMD, in 2019 IEEE Conference on Virtual Reality and 3D User Interfaces (VR), pp. 1030–1031 (2019)
43) K. Yokoro et al.: DecluttAR: An Interactive Visual Clutter Dimming System to Help Focus on Work, in Proc. of the Augmented Humans International Conference 2023, pp. 159–170 (2023)
44) J. Hong et al.: Visual noise cancellation: Exploring visual discomfort and opportunities for vision augmentations, ACM Transactions on Computer-Human Interaction, **31**, 2, pp. 1–26 (2024)
45) K. Nakano et al.: DeepTaste: Augmented reality gustatory manipulation with GAN-based real-time food-to-food translation, in 2019 IEEE ISMAR, pp. 212–223 (2019)

46 ) M. Kari et al.: TransforMR: Pose-aware object substitution for composing alternate mixed realities, in 2021 IEEE ISMAR, pp. 69–79 (2021)

**6 章**

1 ) A. Costes and A. Lécuyer: The "Kinesthetic HMD": Inducing Self-Motion Sensations in Immersive Virtual Reality With Head-Based Force Feedback, Frontiers in Virtual Reality, **3** (2022)
2 ) K. Watanabe et al.: An Integrated Ducted Fan-Based Multi-Directional Force Feedback with a Head Mounted Display, ICAT-EGVE 2022, pp. 55–63 (2022)
3 ) S.-H. Liu et al.: HeadBlaster: A wearable approach to simulating motion perception using head-mounted air propulsion jets, ACM TOG, **39**, 4, pp. 84–1 (2020)
4 ) J. Gugenheimer et al.: GyroVR: Simulating Inertia in Virtual Reality Using Head Worn Flywheels, in Proc. of the 29th ACM UIST, pp. 227–232 (2016)
5 ) 浅田風太 ほか：昆虫体験 ― かぶとりふと (2019), https://www.embodiedmedia.org/projects/kun-chong-ti-yan-kabutorihuto
6 ) T. Hashimoto et al.: MetamorphX: An Ungrounded 3-DoF Moment Display that Changes its Physical Properties through Rotational Impedance Control, in Proc. of the 35th Annual ACM Symposium on User Interface Software and Technology, pp. 1–14 (2022)
7 ) T. Hashimoto et al.: A Wearable Haptic Display for Somatomotor Reconfiguration via Modifying Acceleration of Body Movement, in ACM SIGGRAPH 2023 Emerging Technologies, Article No.17, pp. 1–2 (2023)
8 ) H.-R. Tsai and B.-Y. Chen: ElastImpact: 2.5D multilevel instant impact using elasticity on head-mounted displays, in Proc. of the 32nd Annual ACM Symposium on User Interface Software and Technology, pp. 429–437 (2019)
9 ) Y. Kon et al.: HangerOVER: HMD-embedded haptics display with hanger reflex, in ACM SIGGRAPH 2017 Emerging Technologies, Article No.11, pp. 1–2 (2017)
10 ) V. A. de Jesus Oliveira et al.: Designing a vibrotactile head-mounted display for spatial awareness in 3D spaces, IEEE TVCG, **23**, 4, pp. 1409–1417 (2017)
11 ) H.-Y. Chang et al.: FacePush: Introducing normal force on face with head-mounted displays, in Proc. of the 31st Annual ACM Symposium on User Interface Software and Technology, pp. 927–935 (2018)
12 ) W.-J. Tseng et al.: A skin-stroke display on the eye-ring through head-mounted displays, in Proc. of the 2020 CHI Conference on Human Factors

in Computing Systems, pp. 1–13 (2020)
13) C. Wang et al.: Masque: Exploring lateral skin stretch feedback on the face with head-mounted displays, in Proc. of the 32nd Annual ACM Symposium on User Interface Software and Technology, pp. 439–451 (2019)
14) T. Kameoka et al.: Haptopus: Haptic VR experience using suction mechanism embedded in head-mounted display, in Adjunct Proc. of the 31st Annual ACM Symposium on User Interface Software and Technology, pp. 154–156 (2018)
15) 亀岡嵩幸, 梶本裕之：Haptopus: HMDへの吸引触覚提示機構の内蔵 ― 気圧変調による硬軟感提示, ロボティクス・メカトロニクス講演会講演概要集 2020, 2P1-M12, 日本機械学会 (2020)
16) Y. Makino et al.: Multi primitive tactile display based on suction pressure control, in Proc.of the 12th International Symposium on Haptic Interfaces for Virtual Environment and Teleoperator Systems, pp. 90–96 (2004)
17) R. L. Peiris et al.: ThermoVR: Exploring integrated thermal haptic feedback with head mounted displays, in Proc. of the 2017 CHI Conference on Human Factors in Computing Systems, pp. 5452–5456 (2017)
18) K. Sato and T. Maeno: Presentation of sudden temperature change using spatially divided warm and cool stimuli, in Haptics: Perception, Devices, Mobility, and Communication: International Conference, EuroHaptics 2012, Part I, pp. 457–468 (2012)
19) K. Hokoyama et al.: Mugginess sensation: Exploring its principle and prototype design, in 2017 IEEE World Haptics Conference, pp. 563–568 (2017)
20) J. Lu et al.: Chemical haptics: Rendering haptic sensations via topical stimulants, in Proc. of the 34th Annual ACM Symposium on User Interface Software and Technology, pp. 239–257 (2021)
21) S. Yoshida et al.: Teardrop Glasses: Pseudo Tears Induce Sadness in You and Those Around You, in Proc. of the 2021 CHI Conference on Human Factors in Computing Systems, pp. 1–12 (2021)
22) 安藤英由樹 ほか：前庭電気刺激を利用した平衡感覚インタフェース, 映像情報メディア学会誌, **62**, 6, pp. 837–840 (2008)
23) C. Groth et al.: Omnidirectional galvanic vestibular stimulation in virtual reality, IEEE TVCG, **28**, 5, pp. 2234–2244 (2022)
24) S. Weech et al.: Reduction of cybersickness during and immediately following noisy galvanic vestibular stimulation, Experimental Brain Research, **238**, 2, pp. 427–437 (2020)
25) K. Matsumoto et al.: Redirected walking using noisy galvanic vestibular stimulation, in 2021 IEEE ISMAR, pp. 498–507 (2021)

26) 近藤哲太 ほか：乳様突起への骨伝導振動が上下ベクションに与える効果の検証, 第 27 回バーチャルリアリティ学会大会論文集, 3D5–4 (2022)
27) T. Kondo et al.: Effects of bone-conducted vibration stimulation of various frequencies on the vertical vection, Scientific Reports, **13**, 1, 15759 (2023)
28) S. Weech et al.: Influence of bone-conducted vibration on simulator sickness in virtual reality, PloS one, **13**, 3, e0194137 (2018)
29) S.-H. Liu et al.: PhantomLegs: Reducing virtual reality sickness using head-worn haptic devices, in Proc. of 2019 IEEE VR, pp. 817–826 (2019)
30) Y.-H. Peng et al.: WalkingVibe: Reducing virtual reality sickness and improving realism while walking in VR using unobtrusive head-mounted vibrotactile feedback, in Proc. of the 2020 CHI Conference on Human Factors in Computing Systems, pp. 1–12 (2020)
31) 柳田康幸 ほか：非装着かつ局所的な香り提示手法に関する検討, 情報処理学会研究報告オーディオビジュアル複合情報処理（AVM）, **2002**, 106 (2002-AVM-038), pp. 161–166 (2002)
32) 安藤潤人 ほか：局所的香り提示のためのクラスタ型デジタル空気砲の提案, vrsj 論文誌, **27**, 1, pp. 120–129 (2020)
33) 横山智史 ほか：ウェアラブル嗅覚ディスプレイによる匂い場の生成・提示, vrsj 論文誌, **9**, 3, pp. 265–274 (2004)
34) 山田智也 ほか：直噴式ウェアラブル嗅覚ディスプレイの開発, ヒューマンインタフェース学会研究報告集: Human interface, **7**, 4, pp. 19–22 (2005)
35) 中本高道：ウェラブル嗅覚ディスプレイ, 日本バーチャルリアリティ学会誌, **26**, 3, pp. 24–27 (2021)
36) 廣瀬通孝 ほか：嗅覚ディスプレイに関する研究, 日本バーチャルリアリティ学会第 2 回大会論文集, pp. 193–196 (1997)
37) M. Miyaura et al.: Olfactory feedback system to improve the concentration level based on biological information, in Proc. of 2011 IEEE VR, pp. 139–142 (2011)
38) 鳴海拓志：五感ディスプレイと感覚間相互作用（高臨場感ディスプレイフォーラム 2012 〜更なる臨場感を求めて〜）, 映像情報メディア学会技術報告, 36.44, pp. 25–26 (2012)
39) 大野雅貴 ほか：多感覚の統合的認知の基礎と感覚提示インタフェースへの応用可能性, vrsj 論文誌, **27**, 1, pp. 18–28 (2022)
40) C. Spence: Crossmodal correspondences: A tutorial review, Attention, Perception, & Psychophysics, **73**, pp. 971–995 (2011)
41) V. S. Ramachandran and E. M. Hubbard: Synaesthesia–a window into perception, thought and language, J. Consciousness Studies, **8**, 12, pp. 3–34 (2001)

42) F. Reinoso Carvalho et al.: Tune that beer! Listening for the pitch of beer, Beverages, **2**, 4, 31 (2016)
43) F. Reinoso-Carvalho et al.: A sprinkle of emotions vs a pinch of crossmodality: Towards globally meaningful sonic seasoning strategies for enhanced multisensory tasting experiences, J. Business Research, **117**, pp. 389–399 (2020)
44) M. O. Ernst and M. S. Banks: Humans integrate visual and haptic information in a statistically optimal fashion, Nature, **415**, 6870, pp. 429–433 (2002)
45) C. Spence: Multisensory flavour perception, Current Biology, **23**, 9, pp. R365–R369 (2013)
46) C. Spence and M. U. Shankar: The influence of auditory cues on the perception of, and responses to, food and drink, J. Sensory Studies, **25**, 3, pp. 406–430 (2010)
47) A. Lécuyer et al.: Pseudo-haptic feedback: Can isometric input devices simulate force feedback?, in Proc. of 2000 IEEE VR, pp. 83–90 (2000)
48) 鳴海拓志：Pseudo-haptics 応用インタフェースの展望 — 疑似触力覚提示からその先へ, システム/制御/情報, **61**, 11, pp. 463–468 (2017)
49) A. Pusch et al.: Hemp-hand-displacement-based pseudo-haptics: A study of a force field application, in Proc. of 2008 IEEE Symposium on 3D User Interfaces, pp. 59–66 (2008)
50) D. A. G. Jauregui et al.: Toward "pseudo-haptic avatars": Modifying the visual animation of self-avatar can simulate the perception of weight lifting, IEEE TVCG, **20**, 4, pp. 654–661 (2014)
51) Y. Taima et al.: Controlling fatigue while lifting objects using pseudo-haptics in a mixed reality space, in Proc. of 2014 IEEE Haptics Symposium, pp. 175–180 (2014)
52) 面迫宏樹 ほか：Shape-COG Illusion: 複合現実感体験時の視覚刺激による重心知覚の錯覚現象（第 2 報), vrsj 論文誌, **18**, 2, pp. 117–120 (2013)
53) 橋口哲志 ほか：RV Dynamics Illusion: 実物体と仮想物体の異なる運動状態が重さ知覚に与える影響, vrsj 論文誌, **21**, 4, pp. 635–644 (2016)
54) A. Pusch and A. Lécuyer: Pseudo-haptics: From the theoretical foundations to practical system design guidelines, in Proc. of the 13th International Conference on Multimodal Interfaces, pp. 57–64 (2011)
55) 茂山丈太郎 ほか：アバタの関節角補正による疑似抵抗感提示, vrsj 論文誌, **22**, 3, pp. 369–378 (2017)
56) A. Lécuyer: Simulating haptic feedback using vision: A survey of research and applications of pseudo-haptic feedback, Presence: Teleoperators and

Virtual Environments, **18**, 1, pp. 39–53 (2009)
57) L. Moody et al.: Beyond the visuals: Tactile augmentation and sensory enhancement in an arthroscopy simulator, Virtual Reality, **13**, pp. 59–68 (2009)
58) K. van Mensvoort et al.: Usability of optically simulated haptic feedback, Int J. Human-Computer Studies, **66**, 6, pp. 438–451 (2008)
59) K. Watanabe and M. Yasumura: FlexibleBrush: A realistic brush stroke experience with a virtual nib, in Proc. of the 20th ACM UIST, **7**, pp. 47–48 (2007)
60) Y. Ban et al.: Modifying an identified curved surface shape using pseudo-haptic effect, in Proc. of 2012 IEEE Haptics Symposium, pp. 211–216 (2012)
61) Y. Ban et al.: Modifying an identified position of edged shapes using pseudo-haptic effects, in Proc. of the 18th ACM symposium on Virtual reality software and technology, pp. 93–96 (2012)
62) Y. Ban et al.: Modifying an identified angle of edged shapes using pseudo-haptic effects, in Haptics: Perception, Devices, Mobility, and Communication: International Conference, EuroHaptics 2012, Part I, pp. 25–36 (2012)
63) Y. Ban et al.: Modifying perceived size of a handled object through hand image deformation, Presence: Teleoperators and Virtual Environments, **22**, 3, pp. 255–270 (2013)
64) Y. Ban et al.: High-definition digital display case with the image-based interaction, in 2015 IEEE VR, pp. 149–150 (2015)
65) T. Watanabe et al.: Digital display case: A study on the realization of a virtual transportation system for a museum collection, in Virtual and Mixed Reality-Systems and Applications: International Conference, Virtual and Mixed Reality 2011, Held as Part of HCI International 2011, Part II 4, pp. 206–214 (2011)
66) N. C. Nilsson et al.: 15 years of research on redirected walking in immersive virtual environments, IEEE Computer Graphics and Applications, **38**, 2, pp. 44–56 (2018)
67) F. Steinicke et al.: Taxonomy and implementation of redirection techniques for ubiquitous passive haptic feedback, in Proc. of 2008 International Conference on Cyberworlds, pp. 217–223 (2008)
68) F. Steinicke et al.: Estimation of detection thresholds for redirected walking techniques, IEEE TVCG, **16**, 1, pp. 17–27 (2009)
69) 松本啓吾 ほか：視触覚間相互作用を用いた曲率操作型リダイレクテッドウォーキング, vrsj 論文誌, **23**, 3, pp. 129–138 (2018)
70) R. Nagao et al.: Ascending and descending in virtual reality: Simple and

safe system using passive haptics, IEEE TVCG, **24**, 4, pp. 1584–1593 (2018)
71) P. Gao et al.: Visual-auditory redirection: Multimodal integration of incongruent visual and auditory cues for redirected walking, in IEEE ISMAR, pp. 639–648 (2020)
72) S. Serafin et al.: Estimation of detection thresholds for acoustic based redirected walking techniques, in Proc. of 2013 IEEE VR, pp. 161–162 (2013)
73) A. Nambu et al.: Visual-olfactory display using olfactory sensory map, in Proc. of 2010 IEEE VR, pp. 39–42 (2010)
74) C. Suzuki et al.: Affecting tumbler: Affecting our flavor perception with thermal feedback, in Proc. of the 11th Conference on Advances in Computer Entertainment Technology, pp. 1–10 (2014)
75) 松井彩里 ほか：視覚と皮膚感覚が嗅覚に与える影響を利用したクロスモーダル嗅覚ディスプレイに向けた基礎検討, vrsj 論文誌, **27**, 1, pp. 98–108 (2020)
76) A. Matsui et al.: Intranasal Chemosensory Lateralization Through the Multi-electrode Transcutaneous Electrical Nasal Bridge Stimulation, IEEE Access (2023)
77) Y. Kakutani et al.: Taste of breath: The temporal order of taste and smell synchronized with breathing as a determinant for taste and olfactory integration, Scientific reports, **7**, 1, 8922 (2017)
78) 鳴海拓志 ほか：味覚ディスプレイに関する研究（第一報）, 日本バーチャルリアリティ学会第14回大会論文集 (2009)
79) T. Narumi et al.: Evaluating cross-sensory perception of superimposing virtual color onto real drink: Toward realization of pseudo-gustatory displays, in Proc. of the 1st Augmented Human International Conference, pp. 1–6 (2010)
80) T. Narumi et al.: Augmented reality flavors: Gustatory display based on edible marker and cross-modal interaction, in Proc. of the CHI Conference on Human Factors in Computing Systems, pp. 93–102 (2011)
81) T. Narumi et al.: Simplification of olfactory stimuli in pseudo-gustatory displays, IEEE TVCG, **20**, 4, pp. 504–512 (2014)
82) Y. Suzuki et al.: Taste in motion: The effect of projection mapping of a boiling effect on food expectation, food perception, and purchasing behavior, Frontiers in Computer Science, **3**, 662824 (2021)
83) T. Kawabe et al.: Deformation lamps: A projection technique to make static objects perceptually dynamic, ACM Transactions on Applied Perception, **13**, 2, pp. 1–17 (2016)
84) 鳴海拓志 ほか：食卓へのプロジェクションマッピングによる食の知覚と認知の変容 〜天ぷらを例題として〜, vrsj 論文誌, **23**, 2, pp. 65–74 (2018)

85 ) T. Narumi et al.: Augmented perception of satiety: Controlling food consumption by changing apparent size of food with augmented reality, in Proc. of the CHI conference on human factors in computing systems, pp. 109–118 (2012)
86 ) S. Sakurai et al.: CalibraTable: Tabletop system for influencing eating behavior, in SIGGRAPH Asia 2015 Emerging Technologies, pp. 1–3 (2015)
87 ) 加藤愛実 ほか：ViVi-EAT：体内での飲食物の流動感提示デバイス, 第 17 回日本バーチャルリアリティ学会大会論文集 (2012)
88 ) 渡邊淳司 ほか：腹部通過仮現運動を利用した貫通感覚提示, 情報処理学会論文誌, **49**, 10, pp. 3542–3545 (2008)
89 ) 藤澤覚司 ほか：食物の旅：視, 触, 聴覚提示による消化器官内の這い回り体験, vrsj 論文誌, **24**, 4, pp. 337–340 (2019)

## あとがき

1 ) M. Gopakumar et al.: Full-colour 3D holographic augmented-reality displays with metasurface waveguides, Nature, **629**, pp. 791–797 (2024)
2 ) J. Orlosky et al.: Telelife: The future of remote living, Frontiers in Virtual Reality, **2**, p. 763340 (2021)
3 ) N. Matsuda et al.: Reverse pass-through VR, in ACM SIGGRAPH 2021 Emerging Technologies, pp. 1–4 (2021)
4 ) J. Sano and Y. Takaki: Holographic contact lens display that provides focusable images for eyes, Optics Express, **29**, 7, pp. 10568–10579 (2021)
5 ) 太田淳：網膜刺激方式人工視覚の現状, エレクトロニクス実装学会誌, **23**, 5, pp. 403–408 (2020)
6 ) 青山一真 編著：神経刺激インタフェース, バーチャルリアリティ学ライブラリ 2, コロナ社 (2024)

#  あ と が き

　本書では，VRやARを実現する代表的デバイスであるHMDについて，その概要や歴史，典型的な光学系から最新の研究開発事例までを幅広く見てきた。まず1章では，HMDのこれまでの発展の歴史を振り返り，今日のHMDがある日突然出現したわけではなく，50年以上の年月を積み重ねて徐々に進化してきたことを確認した。また，HMD以外のVR用ディスプレイやAR用ディスプレイとHMDを比較することで，HMDが備えるユニークな特徴を浮き彫りにした。さらに，HMDにはさまざまな応用が考えられるが，すべての要求を満たす完璧なHMDを実現することは難しく，目的に合ったHMDを選択あるいは設計することが重要であることを確認した。

　2章では，人間の視覚機能について整理した。HMDの機能の過不足や良し悪しを判断する上で，人間の視覚機能の諸性質を理解することはきわめて重要である。まず，眼の構造をカメラになぞらえて，眼が光をどのようなしくみで映像として捉えているのかを学んだ。また，視力，視野，調節，眼球運動などのさまざまな視機能の性質や，各種の奥行き手がかりについて学んだ。

　3章では，典型的なHMDの光学系について整理した。まず単眼式・両眼式，ビデオシースルー方式・光学シースルー方式などの分類について確認し，つぎに屈折型，反射屈折型，自由曲面プリズム型，ウェーブガイド型などの典型的な光学系の特徴について学んだ。さらに，網膜投影型やライトフィールド型，ホログラフィック型などのより先進的な光学系のしくみに触れた。

　4章では，より先進的な特徴や機能を備えたHMDを紹介した。位置合わせ，光学的歪み，時間的整合性，色再現性，ダイナミックレンジ，焦点再現，画角，解像度，光学遮蔽などのさまざまな課題を取り上げ，それぞれの解決を意図した「尖った」HMDの研究開発事例を俯瞰した。いまだ完璧なHMDにはほど

遠いが，これらの課題を解決していくことで，理想的な HMD の実現に一歩ずつ近づいていくことを学んだ．

5 章では，HMD を用いて人間の視覚機能を自由自在に編集するさまざまな試みを紹介した．前半では，HMD を用いて視知覚の困りごとを解決する視覚補正・矯正の事例に触れ，後半では，人間拡張の観点からより柔軟に視覚機能を再設計する視覚拡張の事例について概観した．これらの事例を通じ，HMD を活用することで，人間がものを見る能力を生物的制約からある程度解き放つことができることを学んだ．

6 章では，視覚以外のさまざまな感覚を提示するマルチモーダル（多感覚）HMD について解説した．前半では，深部感覚，表在感覚，前庭覚，嗅覚などを提示するヘッドマウントデバイスの事例について学び，後半では感覚間相互作用を活用して触力覚，味覚，嗅覚，内臓感覚などを提示するヘッドマウントデバイスの事例について学んだ．

この先，HMD は何を目指し，どのように進化していくのだろうか．究極の HMD が合格すべきテストとして，Meta 社は**ビジュアルチューリングテスト**を提唱している．ビジュアルチューリングテストとは，HMD に表示された映像が現実と見分けられるかを判定するテストである．これに合格するためには，4 章で見たようなさまざまな課題について，より高性能で小型軽量のハードウェアを開発する必要がある．例えば，Meta 社は焦点再現，解像度，歪み補正，ハイダイナミックレンジ（HDR）という 4 つの課題に対応する一連の試作機を開発している．また，ビジュアルチューリングテストに合格するために必要な要素技術を統合した HMD のコンセプトデザイン「Mirror Lake」を発表している．Mirror Lake は，先の 4 つの課題を解決する要素技術をすべて取り入れているだけではなく，ホロケーキレンズ（ホログラフィックレンズとパンケーキレンズの特徴を兼ね備えたレンズ）やレーザバックライトを備えており，従来よりも薄型で軽量なデザインとなっている．また，光の波長より小さい微細加工を施したメタマテリアルによって，従来にはない光学特性を持たせる試みや，さまざまな光学特性を深層学習によって最適化する試みなども，ますます活発

になっていくだろう[1]。こうした技術の進展により，HMDの高性能化・小型軽量化の流れは今後も継続していくと考えられる。

　メタバースの利活用が本格化してくるにつれて，リアルとバーチャルは渾然一体となり，ユーザーはリアル，AR，VRなどを自在に行き来するようになると考えられる[2]。そのため，頻繁にHMDを着脱するのではなく，単一のHMDを装着したままでこれらのすべてをサポートすることが求められるようになるだろう。単一のデバイスでリアル，AR，VRなどをすべてサポートするためには，ビデオシースルー方式か，実環境を遮蔽できる機能を備えた光学シースルー方式が必要である。また，HMDを装着するユーザーと周囲の人々の自然なコミュニケーションをサポートすることも重要である。Meta社が試作しているような，HMDによって隠れてしまうユーザーの眼とその周囲の3次元映像を，HMDの外側に配置したライトフィールドディスプレイで再現する「リバースパススルー」機能は，そのための有力な解決策の1つである[3]。Apple Vision Proには，EyeSightと呼ばれるリバースパススルーの簡易的機能が搭載されている。このように，周囲との自然なコミュニケーションの確保は，今後必須の機能になっていくだろう。

　一般的なHMD以外にも，さまざまな視覚提示デバイスが研究されている。例えば，コンタクトレンズ型ディスプレイは，2008年頃からいくつかの研究機関で研究されている[4]。コンタクトレンズ型ディスプレイは，目に直接装着することで，外部のディスプレイやカメラを必要とせずに，ARやバイオセンシングなどの機能を提供することができる。具体的には，視力補正や色覚補正，画像投影や視線追跡，血糖値測定や眼圧測定などの機能が考えられる。しかし，コンタクトレンズ型ディスプレイは，電源供給，ワイヤレス通信，光学系の小型化，生体適合性や安全性などの課題がある。

　また，HMDとは呼べないが，体に機器を埋め込む侵襲型の**人工視覚（人工網膜）**も盛んに研究されている[5]。人工視覚は，外部カメラからの映像を電気信号に変換し，電極を通じて視神経に刺激を与えることで，視覚を回復させるしく

みであり，失明原因の1つである網膜変性症などに対する治療法として期待されている．人工視覚には網膜刺激型，視神経刺激型，脳刺激型などがあり，特に脈絡膜上経網膜刺激（STS, suprachoroidal transretinal stimulation）型[6]は，安全性や大型化の点で優位であるとされ，各国で臨床試験が相次ぎ，米国食品医薬品局の承認を得た機種もある．ただし，これらの手法は解像度が低く，色再現が困難という大きな問題がある．例えば，STS方式の解像度は精細なものでも7×7画素程度であり，近年ようやく1000画素程度の開発が進んでいるレベルである．侵襲型ディスプレイは視覚障害者にとってはこの上ない福音であるが，画質・性能の点では現時点で一般的なHMDと比較するレベルにはない．しかし，遠い将来には，自由自在な視覚体験を実現する本命の技術となるかもしれない．

以上のように，HMDは今後も着実に進化し続けることが予想され，その一方で，HMD以外の装着型視覚ディスプレイもおおいに発展していくことが見込まれる．いずれの技術も，それぞれに異なる特徴や可能性を持っており，ユーザーのニーズや目的に応じて選択されるようになるだろう．その中でも，本書で取り上げたHMDは，最も重要な選択肢として残り続けることだろう．

今後のHMDのさらなる進化に期待したい．

**謝辞**　本書の執筆にあたり，多岐にわたる内容について多くの方々から技術的なご教示とご助言をいただいた．また，特に画像を多くご提供いただいたTobias Langlotz博士および校閲作業にご協力いただいた太田裕紀，大橋夢叶，高橋茉莉香，山岡裕希の諸氏に感謝する．

# 索引

## 【あ】
アイフォン　　　　　　　　　　8
アイボックス　　　　　　45, 46
アイリーフ　　　　　　　　　46
アウトサイドイン　　　　　　75
アクロマートレンズ　　　　　48
アプラナートレンズ　　　　　48
アムスラーチャート　　　　132
暗順応　　　　　　　　　　　35
暗所視　　　　　　　　　　　35
安定注視野　　　　　　　　　33
アンブリオピア　　　　　　130

## 【い】
医学的弱視　　　　　　　　130
位相限定空間光変調器　　　　93
一般感覚　　　　　　　　　156
色収差　　　　　　　　　13, 47
色の恒常性　　　　　　　　　34
インサイドアウト　　　　　　75
インテグラルフォトグラフィ　　　　　　　　　　　65

## 【う】
ウェーブガイド型　　　　　　55
運動視差　　　　　　　　　　38

## 【え】
エアリーディスク　　　　　　68
液晶ディスプレイ　　　　　　44
遠視　　　　　　　　　35, 127
遠点　　　　　　　　　　　　36

## 【お】
黄斑　　　　　　　　　　　　28
オキュラスリフト　　　　　　10

奥行き手がかり　　　　　　　38
オクルージョン　　　　　　113

## 【か】
絵画的手がかり　　　　　　　38
外眼筋　　　　　　　　　　　25
開散運動　　　　　　　　　　37
回折光学素子　　　　　　　　56
拡張現実感　　　　　　　　　 1
角　膜　　　　　　　　　24, 25
可視光　　　　　　　　　　　33
可変焦点　　　　　　　　45, 97
加齢黄斑変性　　　　　　　131
眼　窩　　　　　　　　　　　24
感覚間一致　　　　　　　　175
感覚間相互作用　　　　　　155
眼　球　　　　　　　　　　　24
眼球外膜　　　　　　　　　　26
眼球中膜　　　　　　　　　　27
眼球内膜　　　　　　　　　　27
眼軸長　　　　　　　　　　　24
桿　体　　　　　　　　　　　29
眼内閃光　　　　　　　　　143
眼　幅　　　　　　　　　　　24

## 【き】
キャリブレーション　　　　　76
究極のディスプレイ　　　　　 6
球面収差　　　　　　　　　　48
球面レンズ　　　　　　　　　54
強　膜　　　　　　　　　　　24
近　視　　　　　　　　　35, 127
近　点　　　　　　　　　　　36

## 【く】
空間校正　　　　　　　　　　75
空間光位相変調器　　　　　　93

空間光変調器　　　　　　　　68
屈折異常　　　　　　　36, 127
屈折型　　　　　　　　　　　42
グラストロン　　　　　　　　 9
クローズド型　　　　　　　　17
クロスモーダル　　　　　　155

## 【け】
計算機生成ホログラム　　　　　　　　　　　68, 102

## 【こ】
光　覚　　　　　　　　　　　34
光学コンバイナ　　　　　　　50
光学シースルー　　　　　　　17
光学遮蔽　　　　　　　　92, 113
虹　彩　　　　　　　　　　　26
光線場　　　　　　　　　　　81
光路長　　　　　　　　　　　50
固視微動　　　　　　　　　　37
固定焦点　　　　　　　　　　45
コマ収差　　　　　　　　　　48
コンタクトレンズ　　　　　107
コンテクスト　　　　　　　175

## 【さ】
再帰性反射スクリーン　　　　72
最小可読閾　　　　　　　　　30
最小視認閾　　　　　　　　　30
最小分離閾　　　　　　　　　30
最尤推定　　　　　　　　　175
サザランド　　　　　　　　　 6
サッケード　　　　　　36, 145
サッケード潜時　　　　　　　37
サッケード抑制　　　　　　　37
散　瞳　　　　　　　　　　　26

## 索引

### 【し】

| | |
|---|---|
| ジオプトリ | 35 |
| 視覚拡張 | 124 |
| 視覚過敏 | 127, 133 |
| 視覚的顕著性 | 151 |
| 視覚鈍麻 | 127 |
| 時間的整合性 | 82 |
| 色覚 | 33 |
| 色覚異常 | 29, 34, 128 |
| 色弱 | 29 |
| 色盲 | 29 |
| 自己運動感覚 | 33, 158 |
| 視細胞 | 29 |
| 視神経乳頭 | 28 |
| シースルー型 | 17 |
| 視度 | 36 |
| 視野 | 31 |
| 斜位 | 126, 129 |
| 弱視 | 31, 128 |
| 斜視 | 126, 129 |
| 射出瞳 | 58 |
| 射出瞳拡張 | 58 |
| 自由曲面 | 53 |
| 自由曲面光学系 | 106 |
| 自由曲面プリズム型 | 54 |
| 周辺視野 | 33 |
| 周辺視力 | 31 |
| 縮瞳 | 26 |
| 順応 | 34 |
| 硝子体 | 26 |
| 視力 | 30 |
| 人工視覚 | 220 |
| 人工網膜 | 220 |
| 心拍変動 | 174 |
| 深部感覚 | 156 |

### 【す】

| | |
|---|---|
| 水晶体 | 26 |
| 錐体 | 29 |
| 据置型ディスプレイ | 15 |
| ステアリングミラー | 103 |
| ステレオスコープ | 3 |
| スネレン式視力表 | 135 |

### 【せ】

| | |
|---|---|
| 正視 | 35 |
| 接眼光学系 | 13 |
| 接眼レンズ | 44, 47 |
| 線維膜 | 26 |
| センソラマ | 4 |
| 前庭電気刺激 | 167 |
| 前庭動眼反射 | 37 |

### 【そ】

| | |
|---|---|
| 双眼式 | 19 |
| 像面湾曲 | 48 |

### 【た】

| | |
|---|---|
| 体性感覚 | 156 |
| タイムワーピング | 84 |
| タイリング | 106 |
| 多焦点 | 97 |
| 多焦点ディスプレイ | 96 |
| ダモクレスの剣 | 6 |
| 単眼式 | 19 |

### 【ち】

| | |
|---|---|
| 知覚的充填 | 28 |
| 中心窩 | 28 |
| 中心窩レンダリング | 83, 109 |
| 中心視野 | 33 |
| 中心視力 | 31 |
| 調節 | 26, 38 |
| 調節異常 | 127 |
| 調節幅 | 36 |
| 跳躍運動 | 36 |
| チン小帯 | 26 |

### 【つ】

| | |
|---|---|
| 追従運動 | 37 |

### 【て】

| | |
|---|---|
| ディオプタ | 35 |
| 定型視知覚 | 124 |
| 敵対的生成ネットワーク | 191 |
| データグローブ | 8 |
| テレイグジスタンス | 9 |
| 点拡がり関数 | 81 |

### 【と】

| | |
|---|---|
| 投影型システム | 16 |
| 投影行列 | 77 |
| 瞳孔 | 26 |
| 瞳孔間距離 | 24, 76 |
| 頭部搭載型プロジェクタ | 71 |
| 特殊感覚 | 156 |

### 【な】

| | |
|---|---|
| 内臓感覚 | 156 |
| 内部全反射 | 53 |

### 【に】

| | |
|---|---|
| 人間拡張 | 124 |

### 【は】

| | |
|---|---|
| ハイダイナミックレンジ | 85 |
| ハイリグ | 4 |
| 薄明視 | 35 |
| バーチャルボーイ | 9 |
| バーチャル網膜ディスプレイ | 104 |
| バーチャルリアリティ | 1 |
| ハンガー反射 | 161 |
| 反射屈折型 | 50 |
| ハンドヘルドディスプレイ | 15 |

### 【ひ】

| | |
|---|---|
| ビジュアルチューリングテスト | 219 |
| 非定型視知覚 | 124 |
| ビデオシースルー | 18 |
| 非点収差 | 48 |
| 表在感覚 | 156 |
| ピンミラーアレイ型 | 62 |
| ピンライトディスプレイ | 70 |

### 【ふ】

| | |
|---|---|
| フィリングイン | 28 |
| フォーカスフリー | 104 |
| フォーカルスイープ | 100 |
| 複視 | 130 |
| 輻輳 | 39 |
| 輻輳運動 | 37 |
| 輻輳調節矛盾 | 39, 95 |

| | | |
|---|---|---|
| 不正乱視 | 36, 126 | |
| フライアイレンズ | 65 | |
| フリッカ | 84 | |
| プルキニエ現象 | 35 | |
| フレネルレンズ | 49 | |
| 分光特性 | 33 | |

**【へ】**

| | | |
|---|---|---|
| ベクション | 33, 168 | |
| ヘスチャートテスト | 130 | |
| ヘッドトラッキング | 10 | |
| ヘッドマウントディスプレイ | 1 | |
| 変視症 | 131 | |
| 弁別視野 | 31, 32 | |

**【ほ】**

| | | |
|---|---|---|
| ホイートストン | 3 | |
| 補償画像 | 126 | |
| 補助視野 | 33 | |
| ホログラフィック型 HMD | 96 | |
| ホログラフィック光学素子 | 56 | |
| ホログラフィックディスプレイ | 101 | |
| ホロレンズ | 11 | |

**【ま】**

| | | |
|---|---|---|
| マイクロサッケード | 37 | |
| マイクロレンズアレイ | 101 | |
| マクスウェル視 | 64, 104 | |
| マクスウェル視光学系 | 64 | |
| マッカラム | 4 | |

**【み】**

| | | |
|---|---|---|
| マリオット盲点 | 28 | |
| 脈絡膜 | 27 | |

**【め】**

| | | |
|---|---|---|
| 迷光 | 49 | |
| 明視域 | 36 | |
| 明順応 | 35 | |
| 明所視 | 35 | |
| メタサーフェス | 107 | |

**【も】**

| | | |
|---|---|---|
| 盲点 | 28 | |
| 網膜 | 27 | |
| 網膜走査型ディスプレイ | 104 | |
| 網膜投影型 HMD | 63 | |
| 網膜剝離 | 131 | |
| 毛様体筋 | 26 | |

**【ゆ】**

| | | |
|---|---|---|
| 優位眼 | 126 | |
| 有機 EL ディスプレイ | 44 | |
| 有効視野 | 32 | |
| 誘導視野 | 33 | |

**【よ】**

| | | |
|---|---|---|
| 抑制 | 130 | |
| 4f 光学系 | 114 | |

**【ら】**

| | | |
|---|---|---|
| ライトフィールド | 81 | |
| ライトフィールド型 | 65 | |
| ライトフィールドディスプレイ | 101 | |
| ラニア | 8 | |
| 乱視 | 36 | |
| ランドルト環 | 30 | |

**【り】**

| | | |
|---|---|---|
| リダイレクテッドウォーキング | 168, 182 | |
| 両眼共同運動 | 36 | |
| 両眼式 | 20 | |
| 両眼視差 | 39 | |
| 両眼視野 | 31 | |
| 両眼視力 | 31 | |
| 両眼立体視 | 3 | |
| 両眼離反運動 | 36 | |

**【れ】**

| | | |
|---|---|---|
| レイテンシ | 82 | |
| レジストレーションエラー | 83 | |

**【ろ】**

| | | |
|---|---|---|
| 老眼 | 127 | |
| ロコモーションインタフェース | 183 | |
| ロービジョン | 31, 128 | |

**【わ】**

| | | |
|---|---|---|
| 歪曲収差 | 47 | |

---

**【A】**

| | |
|---|---|
| AR | 1 |
| augmented reality | 1 |

**【B】**

| | |
|---|---|
| bi-ocular | 19 |
| binocular | 20 |
| Bird Bath 型 | 51 |

**【C】**

| | |
|---|---|
| CAVE | 12 |
| CGH | 68 |

**【D】**

| | |
|---|---|
| DLT | 78 |
| DMD | 63, 85 |
| DOE | 56 |

**【E】**

| | |
|---|---|
| EPE | 58 |
| exit pupil | 58 |
| EyePhone | 8 |

**【F】**

| | |
|---|---|
| focus-free | 104 |
| foveated rendering | 83, 109 |

## 【G】

| | |
|---|---|
| GAN | 191 |
| Google Glass | 11 |
| GVS | 167 |

## 【H】

| | |
|---|---|
| handheld display | 15 |
| HDR | 85 |
| head mounted display | 1 |
| head worn display | 1 |
| Heilig | 4 |
| HMD | 1 |
| HOE | 56 |
| HoloLens | 11 |
| human augmentation | 124 |
| HWD | 1 |

## 【I】

| | |
|---|---|
| immersive projection technology | 12 |
| IP | 65 |
| IPD | 76 |
| IPT | 12 |

## 【L】

| | |
|---|---|
| Lanier | 8 |
| latency | 82 |
| LCD | 44 |
| LCoS | 68 |
| LEEP | 7 |
| liquid crystal display | 44 |
| LOE | 60 |

## 【M】

| | |
|---|---|
| maximum likelihood estimation | 175 |
| McCollum | 4 |
| MEMS | 63 |
| MLE | 175 |
| monocular | 19 |
| Motion-to-Photon | 82 |
| multifocal | 97 |

## 【N】

| | |
|---|---|
| near eye display | 1 |
| NED | 1 |

## 【O】

| | |
|---|---|
| occlusion | 113 |
| Oculus Rift | 10 |
| OLED | 44 |
| optical see-through | 17 |
| organic electroluminescent | 44 |
| organic light emitting diode | 44 |
| OST | 17 |

## 【P】

| | |
|---|---|
| phase-only SLM | 93 |
| PlayStation VR | 11 |
| ppd | 109 |
| projection system | 16 |
| Pseudo-haptics | 177 |
| PSF | 81 |
| Pupil Swim | 48 |
| pursuit movement | 37 |

## 【R】

| | |
|---|---|
| RANSAC | 78 |
| RB2 | 8 |
| RDW | 183 |
| redirected Walking | 183 |
| RRV | 174 |

## 【S】

| | |
|---|---|
| saccade | 36 |
| saccadic movement | 36 |
| Sensorama | 4 |
| SLAM | 75 |
| SLM | 68 |
| spatial light modulator | 68 |
| stationary display | 16 |
| Stereoscope | 3 |
| Sutherland | 6 |

## 【T】

| | |
|---|---|
| The Sword of Damocles | 6 |
| The Ultimate Display | 6 |
| TIR | 53 |

## 【V】

| | |
|---|---|
| VAC | 95 |
| varifocal | 97 |
| video see-through | 18 |
| virtual reality | 1 |
| vision augmentation | 124 |
| VOR | 37 |
| VR | 1 |
| VST | 18 |

## 【W】

| | |
|---|---|
| Wheatstone | 3 |

──── 編著者・著者略歴 ────

清川　清（きよかわ　きよし）
1996 年　奈良先端科学技術大学院大学情報科学研究科博士後期課程修了（情報システム学専攻），
　　　　博士（工学）
2017 年　奈良先端科学技術大学院大学教授，現在に至る

あるしおうね
VR 系の研究室博士課程修了，博士 ( 工学 )
2024 年　外資系大手 HMD メーカ勤務，現在に至る

伊藤　勇太（いとう　ゆうた）
2016 年　ミュンヘン工科大学情報科学科博士号取得，Dr. rer. nat.
2021 年　東京大学特任准教授，現在に至る

鳴海　拓志（なるみ　たくじ）
2011 年　東京大学大学院工学系研究科博士課程修了（先端学際工学専攻），博士（工学）
2019 年　東京大学准教授，現在に至る


ヘッドマウントディスプレイ　（バーチャルリアリティ学ライブラリ 1）
Head Mounted Display
Ⓒ 特定非営利活動法人　日本バーチャルリアリティ学会 2024

2024 年 10 月 7 日　初版第 1 刷発行　　　　　　　　　　　　　　　　　★

検印省略

編　　者　特定非営利活動法人
　　　　　日本バーチャルリアリティ学会
編 著 者　清　川　　　清
発 行 者　株式会社　コ ロ ナ 社
　　　　　代 表 者　牛来真也
印 刷 所　三美印刷株式会社
製 本 所　株式会社　グリーン

112-0011　東京都文京区千石 4-46-10
発 行 所　株式会社　コロナ社
CORONA PUBLISHING CO., LTD.
Tokyo Japan
振替00140-8-14844・電話(03)3941-3131(代)
ホームページ　https://www.coronasha.co.jp

ISBN 978-4-339-02691-7　C3355　Printed in Japan　　　　　　（新宅）G

JCOPY <出版者著作権管理機構 委託出版物>
本書の無断複製は著作権法上での例外を除き禁じられています．複製される場合は，そのつど事前に，
出版者著作権管理機構（電話 03-5244-5088，FAX 03-5244-5089，e-mail: info@jcopy.or.jp）の許諾を
得てください．

本書のコピー，スキャン，デジタル化等の無断複製・転載は著作権法上での例外を除き禁じられています．
購入者以外の第三者による本書の電子データ化及び電子書籍化は，いかなる場合も認めていません．
落丁・乱丁はお取替えいたします．

# メディアテクノロジーシリーズ

(各巻A5判)

■編集委員長　近藤邦雄　　■編集幹事　伊藤貴之
■編集委員　五十嵐悠紀・稲見昌彦・牛尼剛聡・大淵康成・竹島由里子
　　　　　　鳴海拓志・馬場哲晃・日浦慎作・松村誠一郎・三谷　純
　　　　　　三宅陽一郎・宮下芳明（五十音順）

| 配本順 | | | 頁 | 本体価格 |
|---|---|---|---|---|
| 1. (1回) | **3DCGの数理と応用** 三谷　純編 | | 256 | 3900 |
| | 高山健志・土橋宜典・向井智彦・藤澤　誠 共著 | | | |
| 2. (2回) | **音 楽 情 報 処 理** 後藤真孝編著 | | 240 | 3600 |
| | 北原鉄朗・深山　覚・竹川佳成・吉井和佳 共著 | | | |
| 3. (3回) | **可視化と科学・文化・社会** 竹島由里子編 | | 240 | 3800 |
| | 伊藤貴之・宮地英生・田中　覚 共著 | | | |
| 4. (4回) | **ゲームグラフィックス表現技法** 金久保哲也著 | | 200 | 3000 |
| 5. (5回) | **シリアスゲーム** 藤本　徹編著 | | 236 | 3600 |
| | 池尻良平・福山佑樹・古市昌一・松隈浩之・小野憲史 共著 | | | |
| 6. (6回) | **デジタルファブリケーションとメディア** 三谷　純編 | | 208 | 3200 |
| | 田中浩也・小山裕己・筧　康明・五十嵐悠紀 共著 | | | |
| 7. (7回) | **コンピュータビジョン** 日浦慎作編 | | 近刊 | |
| | ―デバイス・アルゴリズムとその応用― | | | |
| | 香川景一郎・小池崇文・久保尋之・延原章平・玉木　徹・皆川卓也 共著 | | | |
| 8. (8回) | **サウンドデザイン** 松村誠一郎編著 | | 近刊 | |
| | 金箱淳一・城　一裕・濱野峻行・古川　聖・丸井淳史・伊藤彰教 共著 | | | |
| 9. (9回) | **音源分離・音声認識** 大淵康成編 | | 近刊 | |
| | 武田　龍・高島遼一 共著 | | | |

定価は本体価格＋税です。
定価は変更されることがありますのでご了承下さい。

図書目録進呈◆

# バーチャルリアリティ学ライブラリ

（各巻A5判）

■日本バーチャルリアリティ学会 編

今日，バーチャルリアリティ（VR）は誰もが知り，多くの人々が使う技術となった。特に，ヘッドマウントディスプレイを用いたゲームやスマートフォン向けの360°動画などは広く普及しつつある。現在では，医療，建築，製造，教育，観光，コミュニケーション，エンタテインメント，アートなど，さまざまな分野で VR の活用が進んでいる。VR は私たちの社会生活に少しずつ，かつ確実に浸透しつつあり，今後はメタバースのような社会基盤の基幹技術としてさらに重要度を高めていくと考えられている。

「バーチャルリアリティ学ライブラリ」は，さまざまなトピックをコンパクトに一括して取り扱うのではなく，分冊ごとに特定のトピックについてより深く取り扱うスタイルとした。これにより，急速に発展し続ける VR の広範で詳細な内容をタイムリーかつ継続的に提供するという難題を，ある程度同時に解決することを意図している。出版委員や執筆者，また学会の協力を得て「バーチャルリアリティ学ライブラリ」の刊行を開始できる運びとなった。今後さらに VR 分野が発展していく様をリアルタイムで理解する一助となり，VR に携わるすべての人々の羅針盤となることを願う。

| 配本順 | | | 頁 | 本体 |
|---|---|---|---|---|
| 1.（2回） | **ヘッドマウントディスプレイ** | 清川 清編著 | 238 | 3800円 |
| 2.（1回） | **神経刺激インタフェース** | 青山一真編著 | 176 | 2700円 |
| | **拡張認知インタフェース** | 北崎充晃編著 | | |
| | **アート・エンタテイメントとXR** | 山岡潤一編著 | | |
| | **ハプティクス** | 嵯峨智／吉元俊輔編著 | | |

定価は本体価格+税です。
定価は変更されることがありますのでご了承下さい。

図書目録進呈◆